COMPILERS

# コンパイラ

## 原理と構造

大堀 淳 著

共立出版

# まえがき

本書は，プログラミングやコンピュータに興味を持つ者が，コンパイラの原理と構造，さらにその開発方法を理解するための教科書である．

コンパイラの理解は，コンピュータの原理やプログラムの実行のしくみを理解する基礎である．さらに，長年のコンパイラの研究開発を通じて築きあげられた理論や技術には，情報システムにおける問題解決の典型的な例が多く含まれている．情報系のカリキュラムでコンパイラを学ぶ意義の一つは，その背後にあるアイデアを理解し，理論体系やシステム構築の過程を追体験することといえる．これらの体験は，情報分野の研究や開発に従事する上での貴重な財産となるはずである．そこで本書では，コンパイラの役割とその構造を体系的に理解したあと，コンパイラ実現のための主要な基盤技術を，その原理とその背後にある考え方を含め習得することを目標とする．この目標を念頭に，従来のコンパイラの解説とは異なる以下のような構成をとる．

まず第1章で，Turing らによって確立された計算可能性の理論と万能計算機の構築方法を基礎として，コンパイラを含むプログラミング言語処理系の構築原理とその構造を理解する．体系的な理解を目標とするが，計算の理論を初めて学ぶ者も理解できるように，例を交えて具体的に解説する．この理解を基礎に，第3章から第6章までの各章で，プログラミング言語を，文字列集合から型の関係に至る階層的な構造と捉え，各層について，その定義と解析方法を学ぶ．これらの各章では，定義階層ごとに重要な技術に焦点を当て，技術の使い方のみならず，それらの技術が基礎とする原理とその原理の背後にある考え方を含む系統的な理解につながる解説を試みる．考え方を理解できれば，従来難解と見なされているLR構文解析や多相型の型推論などの技術も見通しよく習得できるはずである．言語の解析方法を習得したあと，第7章で，再帰関数や高階の関数を含むプログラムの操作的意味とインタープリタの構成方法を学ぶ．第8章では，機械語コードの生成方法を理解するために，抽象機械を定義し，高水準言語を抽象機械コードにコンパイルする系統的な方法とその正しさの証明手法を学ぶ．

以上のコンパイラの原理と構造の理解に加えて，先端的言語コンパイラの開発方法を習得するために，実際に実行可能なインタープリタと抽象機械へのコンパイラを開発する．高階の関数や多相型型推論などの先端機能を含むML言語の小さなサブセットCoreMLを対象とし，ML言語の一つであるSML#を用いてその処理系を開発する．第2章で，その準備として，第1章で学んだチューリング機械のインタープリタを題材としSML#プログラミングの基本を学び，それに続く各章で，コンパイラの各要素技術の理解と並行して，CoreML処理系を段階的に開発する．

本書は，筆者が東北大学で長年担当してきた工学部専門科目「コンパイラ」の講義資料に基づく．巻末の参考文献で，より深く学ぶための論文や教科書，本書を執筆するにあたって参考にした文献などを紹介する．また，本書を学習する上で参考になる情報やデータを掲載したサポートページを

`https://AtsushiOhori.github.io/ja/texts/compiler/`

に開設している（`AtsushiOhori`の大文字と小文字は区別されない）．

本書の出版に際してお世話になった，共立出版株式会社の影山綾乃氏はじめ担当者の方々に深謝する．

2021年8月

大堀 淳

# 目　次

# 第1章

# 計算とプログラミング言語

コンパイラは，プログラミング言語で書かれたプログラムを，コンピュータで実行できるように変換するシステムである．その本質を理解するためには，コンピュータが行う計算の原理，さらに，計算とプログラミング言語の関係を理解する必要がある．本章では，汎用の問題解決システムとしてのコンピュータの動作原理を理解し，プログラミング言語実現の枠組みを学ぶ．

## 1.1 計算の原理と計算機の構造

プログラミング言語は，コンピュータ（計算機）が実行する計算を表現する言語と定義することができる．プログラミング言語理解の出発点は，この「計算機」と計算機が行う「計算」を理解することである．通常の情報処理の教科書では，計算機を，レジスタ機械などのモデルを想定して，その構造と動作を通じて定義することが多いと思われる．この定義は，計算機の具体的な構造と動作を理解しやすいという利点がある．しかし，この具体的なモデルを通じた計算機の定義のみでは，計算機が行う計算とプログラミング言語で書かれたプログラムとの関連を理解することが難しいと思われる．そこで，本章ではまず，情報科学の基礎を築いた Alan. M. Turing にならい，計算をより抽象的に捉え，その本質を明らかにする．

### 1.1.1　計算の分析

計算という言葉は，日常的には，$3\times3$ のような数字を用いた演算に対して使用されるが，Turing は，計算を算術計算などに限定されない人間の知的活動一般と捉え，そのような計算をする能力を持つ機械をデジタルコンピュータと呼んだ．本章でも，計算をこのようなものと捉え，それを通じてコンパイラの本質を明らかにする．そのためには,「人間の知的活動」とはどのようなものかを理解し，さらに，それを機械で実現するために，その形式的な定義を与える必要がある．もちろん人間の知的活動全般を完全に理解し，厳密に定義することはできない．しかし，知的活動に関する洞察や分析から，それらの活動全般に共通する性質を抽出することは可能である．

人間の知的活動（あるいは人間そのもの）を特徴づける試みが，哲学などのいろいろな分野で行われてきた．それらの多くの特徴づけの中で，ここでは人間の知的活動の本質を,「ことばを用いた活動」と捉えることにする．もちろん，人間の知的活動はすべてことばを用いた活動と特徴づけられる，と主張するものではない.「人間の活動には，芸術的な直観に基づく創造活動や共感・愛情などを含め，ことばでは表現できない多様な活動が含まれる」との主張はもっともである．しかし本書では，これらの活動はとりあえず対象とせず，知的活動を，ことばで書き下すことができ，誰でも共有することができるものに限定することにする．通常「ことば」は，話し言葉や書き言葉などの自然言語を指すが，ここではそれらに限らず，数学や工学で使用する種々の記号などを含め，紙などに書き下し人々と共有できるものを表すことにする．すると，人間の知的活動は,「ことばを用いた情報の表現，解釈，変換」と特徴づけることができる．

種々の記号を含むことばで表されたものは，抽象的には，有限の記号（シンボル）列と理解できる．Turing は，このようなことばを使った活動のモデルとしての「計算」を以下のように特徴づけた．

- 有限のシンボル集合を用いる．
- 種々の情報や処理手順をシンボル列で表現する．
- シンボル列を格納する記憶装置を用いて，以下の処理を繰り返し，必要な情報を表すシンボル列を作り出す.

- シンボルを読み込み,
- シンボルを別のシンボルへ変換し,
- シンボルを書き出す.

紙を使って行う算術演算などの計算は，確かにこの性質を満たしている．Turing の画期的な洞察は，この構造が，算術演算などに限らず，人間が行う問題の解決全般に共通するものであり，この構造を持った機械を実現すれば，汎用の問題解決システムを実現できる，というものである．

### 1.1.2 シンボルを用いた情報の表現

シンボルを使って書かれたものは，何かの情報を表現している．逆に，およそすべての情報は，有限種類のシンボルを使って表現できる．シンボルの集合を，自然言語の用語にならい，アルファベットと呼ぶことにする．

情報をシンボル列として表現することを，情報のコード化と呼ぶ．その原則を，以下のようにまとめることができる．

- すでに知っている情報を，シンボル列で表現する．
- 表現の約束を知っている者は，誰でも機械的に情報を取り出すことができる．
- アルファベットは，2 つ以上のシンボルを含む限り，どのような集合でもよく，また，表現の方法も無数に存在する．

以上の原理を理解するために，よく知っている数を例に，数のシンボル表現を分析してみよう．我々は，例えば，

- 3 は数である．
- $3 \times 3 = 9$ である．

などで何を表現しているかを理解しているはずである．その理解を確認するために，少々複雑な例を見てみよう．

- 7625597484987 は数である．

- $7625597484987 \times 3 = 22876792454961$ である．

表記法を少し変えて，

- $7,625,597,484,987$ は数である．
- $7,625,597,484,987 \times 3 = 22,876,792,454,961$ である．

とするとわかりやすいであろう．これらの表記で我々は，

- $7,625,597,484,987$ は（7兆6千億ほどの大きさの）数を表現する記号列である．
- 記号列 $7,625,597,484,987 \times 3$ と $22,876,792,454,961$ は，同じ（22兆8千億ほどの大きさの）数を表現している．

と理解しているはずである．

もちろんこれらの（すでに知っている）数というものの表現法は，無数に可能である．例えば，我々は，10進数表現の3が表す数は，漢数字では「三」，ローマ数字では「III」と書くことを知っている．高校や大学でコンピュータや情報処理に関する講義を受講した者は，コンピュータは3を2進数で「11」と表現する，と習ったはずである．2進数表現に限らず，3進数表現や，もし望むならマイナス3進数表現なども自由に定義し，書かれた表現から，その表現する数を読み解くことができる．

このように，情報の表現の約束を決めることによって，いろいろな表現方法が可能である．さらに，表現方法にはそれぞれに利点や欠点がある．例えば，10進数表現は10個のシンボルを用い，2進数表現は2個のシンボルを用いて，任意の大きさの数を表現できるが，ローマ数字表現や漢数字表現では，特別な表記をしない限り，用意されたシンボル集合によって決まる有限の数しか表現できない．このシンボルを使った情報の表現は，もちろん数に限ったことではない．例えば，我々がことばで何かを表現する際に用いている以下のような方法を繰り返し使えば，あらゆる情報をシンボル列で表現できる．

- 2つの数を組にして座標を表現したりするように，複数の情報を並べて構造を表現する．

- 種々の情報（概念）に名前をつけて，その名前を表現の中で使用する．

### 1.1.3　汎用の問題解決システムとしてのデジタルコンピュータ

あらゆる情報をシンボル列で表現できるなら，人間が行う知的活動は，情報を表現するシンボル列を用いて，必要とされる新しい情報を表現するシンボル列を作り出すこと，と捉えることができる．Turing は，この洞察に従い，現在チューリング機械として知られる，シンボル列で表現された情報を処理する仮想的な機械を定義し，およそ厳密に定義され，有限な解決手順を書き下せる問題であれば，チューリング機械で解決できることを示した．これがコンピュータを使った情報処理の基本原理である．以下，その内容を分析してみよう．

チューリング機械は，シンボルを 1 つ記述できる「マス」で区切られた 1 次元の記憶テープと，記録テープ上の特定の一マスの読み込みと書き込みを行うヘッドを持ち，以下のような制御部を持つ[1]．

$$\mathbf{M} = (Q, \Sigma, q_0, \delta)$$

$Q$ は有限の状態集合，$\Sigma$ はシンボルの有限集合であり $B$ と表記する空白記号を含む．$q_0 \in Q$ は初期状態である．$\delta$ は機械の動作を決定する状態遷移関数である．この関数は，現在の状態 $q$ と現在のヘッド位置のテープのシンボル $s$ の組 $(q, s)$ を引数として取り，次の状態 $q'$，テープの現在のヘッド位置に書き出すシンボル $s'$，さらに，書き出したあとのヘッドの移動方向（右，左）を指定する 3 つ組 $(q', s', \text{右 or 左})$ を返す．本書では，$\delta$ を部分関数，すなわち，未定義の場合もありうる関数とする．$\delta$ は，$Q$ と $\Sigma$ を軸とする 2 次元の表で表せる．この表が，チューリング機械の動作を決めるプログラムである．プログラムへの入力データは，あらかじめテープに書かれたシンボル列である．チューリング機械は，初期状態 $q_0$ と与えられたテープの最初のヘッド位置のシンボル $s$ の組 $(q_0, s)$ から，$\delta$ に定義された状態遷移を可能な限り繰り

[1] Turing によるチューリング機械の定義は，2 種類のシンボルを使い無限にシンボルを書き出す機械として定義されており，扱いがやや煩雑となるので，本書では，より扱いやすく，今日標準となっている Post らによって改良された定義を用いる．

$$\mathbf{M}_{addOne} = (\{M, H\}, \{0, 1, B\}, M, \delta)$$

$\delta =$

| | $M$ | $H$ |
|---|---|---|
| 1 | $(M, 0, $左$)$ | (未定義) |
| 0 | $(H, 1, $左$)$ | (未定義) |
| $B$ | $(H, 1, $左$)$ | (未定義) |

**図 1.1**　2 進数表現に 1 を加えるチューリング機械の例

返し，$\delta$ が未定義となったとき停止する．停止したときのテープに残されたシンボル列が，機械が計算した結果である．

2 進数に 1 を足す計算を実現するチューリング機械 $\mathbf{M}_{addOne}$ の例を図 1.1 に示す．この機械の状態遷移表 $\delta$ は，テープを左方向にスキャンしながら，0 か空白記号 $B$ が見つかるまで 1 を 0 に置き換える動作を繰り返し，0 か $B$ が見つかったら，それを 1 に置き換えて停止するという機械の動作を表現している．したがって，ヘッド位置から左方向に 2 進数が書かれたテープに対してこのチューリング機械を動かせば，1 を加えた 2 進数表現を持つテープ状態で停止する．

2 進数に限らず，もしあらゆる情報がシンボル列で表現できるなら，解くべき問題をテープにシンボル列として用意することができる．さらに，厳密な処理手順が定義されているなら，その手順も，チューリング機械の動作として書き下すことができるはずである．そこで，およそ厳密に定義され有限の処理手順を与えることができる問題はすべて，1 台のチューリング機械で解くことができるはずである．Turing は，この性質を，任意のチューリング機械を模倣する「万能チューリング機械」を構築することによって示した．その概要は以下の通りである．

チューリング機械自体，厳密に定義された機械であるから，その構造と動作をすべて，シンボル列で表現できるはずである．Turing はこの洞察に基づき，任意のチューリング機械 $M$ の状態遷移関数 $\delta_M$ と機械 $M$ の実行状態 $E$（すなわち $M$ の状態と $M$ が操作しているテープの内容およびテープヘッドの位置）を，それぞれ，シンボル列 $\overline{M}$ および $\overline{E}$ として表現する具体的な方法を与えた．さらに，Turing は，$M$ による実行状態の更新 $E \Longrightarrow E'$ を，シンボル列 $\overline{M}$ にコード化された $\delta_M$ の内容に従い，シンボル列の書き換え $\overline{E} \Longrightarrow \overline{E'}$ として実現する，新たな状態遷移関数 $\delta_U$ を実際に定義してみせた．万能チューリング機械 $U$ は，この $\delta_U$ を状態遷移関数として持ち，任意のチューリング機械 $M$ の状態遷移関数の表現 $\overline{M}$ と初期の実行状態 $E_0$ の表現 $\overline{E_0}$ （すなわち $M$ の初期状態と $M$ に与えられるテープの初期の内容の表現）が記述されたテープを受け取り，状態遷移を実行する．この構成により，万能チューリング機械 $U$ は，$M$ がテープ $T$ に対して実行するのと同じ計算を実現することができる．以上の結果は，Turing による計算可能性の理論とその決定問題（歴史的にドイツ語で Entscheidungsproblem と呼ばれている）への応用に関する論文 [1] で，以下のように述べられている．

> It is possible to invent a single machine which can be used to compute any computable sequence. If this machine $U$ is supplied with a tape on the beginning of which is written the S.D. of some computing machine $M$, then $U$ will compute the same sequence as $M$.

ここで，S.D. と書かれているのは，与えられたチューリング機械 $M$ の状態遷移関数を一定の規則に従ってコード化したシンボル列のことである．

この結果は，計算可能性の基本原理として，計算機科学の発展に大きな影響を与えるとともに，この結果を導くために Turing が開発した，機械を模倣するプログラム構築手法は，その後のコンピュータやプログラミング言語処理系開発の重要な道具となっている．

以上の議論では，模倣の対象をチューリング機械としているが，この結果は，チューリング機械が模倣できる任意の機械に一般化できる．また，基本的な機能を持つコンピュータは，チューリング機械を模倣できる．したがってこの結果は，基本的な機能を持つコンピュータさえ開発できれば，そのコンピュータで動く適当なプログラムとデータを用意することによって，種々

の高度な機能を持つコンピュータを実現できることを意味する．機械 $M_1$ が機械 $M_2$ を模倣できることを

$$M_1 < M_2$$

と書くことにすると，新しい高機能なコンピュータ $M$ は，すでに実現されているコンピュータ $M_0$ を基礎とし，

$$M_0 = M_1 < \cdots < M_n = M$$

のような模倣の系列を構築することによって実現できる．

我々が今使っている近代的なコンピュータシステムも，このようにして，望ましい機能を模倣するプログラムを通じて実現されていると見なすことができる．例えば，ハードウェアの機能の多くは，機器の中の ROM メモリーに保存されたマイクロプログラムと呼ばれるプログラムで実現されている．また，種々の高度なシステム機能は，ハードウェア上のオペレーティングシステム (OS) と呼ばれるプログラムによって実現されている．

## 1.2　プログラミング言語の構造と原理

1.1 節で学んだコンピュータによる情報処理の構造と原理を，以下のようにまとめることができる．

- 人間が，種々の情報をことばで表現するように，すべての情報は，シンボル列で表現できる．
- コンピュータは，情報を表現するそのシンボル列を変換し，必要な情報を表す新しいシンボル列を生成するシステムである．
- ことばを使った知的活動をモデルとして構成されたコンピュータは，有限の処理手順が与えられる問題であればどのような問題も，適当なプログラム用意することによって解くことができる．つまりコンピュータは，汎用の問題解決システムである．
- それらの問題の中で,「高機能なコンピュータを作る」という問題も，その機能を模倣するプログラムを用意することによって解決できる．

本節では，この原理をプログラミング言語の観点から再度分析し，プログラミング言語の構造とその開発の枠組みを理解する．

### 1.2.1 チューリング機械の言語表現

チューリング機械 $\mathbf{M} = (Q, S, q_0, \delta)$ の動作は，その状態遷移関数 $\delta$ に書かれている．この表が計算を表しているのであれば，この表自体の意味を直接定義することもできるはずである．この洞察は，チューリング機械と同等のプログラミング言語を定義することが可能であることを意味する．この言語をここでは「チューリング言語」と呼ぶことにする．チューリング機械を詳細に定義し計算の分析を行った Turing にならい，チューリング言語を具体的に定義してみよう．

チューリング言語の定義のために，まずチューリング言語で記述するプログラムの文法を定義する．文法定義の方法は第 5 章で学ぶが，ここでは例を用いて説明する．チューリング機械の状態遷移関数の構造に従い，プログラムの構文を以下のように定義する．

$$
\begin{array}{lll}
\langle program \rangle & ::= & (\langle Q \rangle, \langle entryList \rangle) \\
\langle entry \rangle & ::= & ((\langle Q \rangle, \langle S \rangle) \Rightarrow (\langle Q \rangle, \langle S \rangle, \langle D \rangle)) \\
\langle Q \rangle & ::= & \langle string \rangle \\
\langle S \rangle & ::= & B \mid \langle string \rangle \\
\langle D \rangle & ::= & L \mid R
\end{array}
$$

（初期状態 $q_0$ と $\delta$）
（$\delta$ の要素）
（状態 $Q$）
（集合 $\Sigma$）
（ヘッドの移動方向）

この定義は，いろいろなプログラミング言語のマニュアルなどで使われている BNF 記法を用いて記述されている．$\langle program \rangle$ などの山括弧で囲んだ名前は構文の種類を表す．各構文種類の構造が ::= の右側に記述されている．$\langle X \rangle$ が文法の種類なら，$\langle XList \rangle$ は，$\langle X \rangle$ を要素とする有限のリストを表すと約束する．上の定義は，以下の構造を簡潔に表したものである．

- $\langle program \rangle$ は $\langle Q \rangle$ と $\langle entry \rangle$ のリストの組である．
- $\langle entry \rangle$ は $((\langle Q \rangle, \langle S \rangle) \Rightarrow (\langle Q \rangle, \langle S \rangle, \langle D \rangle))$ の形をした構文である．
- $\langle Q \rangle$ は $\langle string \rangle$(文字列) である．
- $\langle S \rangle$ は，空白記号 $B$ か文字列のどちらかである．

- $\langle D \rangle$ は，$L$ か $R$ のどちらかである．

この言語で定義できる $\langle program \rangle$ の例を以下に示す．

$$\begin{aligned} P_{addOne} = (M,\ [&((M,1) \Rightarrow (M,0,L)), \\ &((M,0) \Rightarrow (H,1,L)), \\ &((M,B) \Rightarrow (H,1,L))]) \end{aligned}$$

$P_{addOne}$ は，図 1.1 に示したチューリング機械 $\mathbf{M}_{addOne}$ の状態遷移を表現している．表記 $[v_1, \ldots, v_n]$ は，$v_1, \ldots, v_n$ を内容とするリストを表す．

### 1.2.2　チューリング言語とチューリング機械の対応

チューリング言語とチューリング機械との関係を分析するために，チューリング言語で記述できるプログラムの意味を厳密に定義してみよう．

プログラム $P = (Q, entryList)$ は，$entryList$ をチューリング機械の状態遷移表の表現と見なし，初期状態 $Q$ から状態の更新を繰り返すことを意図したものである．この意図に従ってプログラムの意味を定義するために，プログラムの実行状態 $E$ を以下のように定義する．

$$\begin{aligned} E &::= (\langle Q \rangle, \langle T \rangle) \\ T &::= (\langle SList \rangle, \langle S \rangle, \langle SList \rangle) \end{aligned}$$

$T$ は，ある時点でのチューリング機械のテープに書かれたデータの表現である．$T = (LList, h, RList)$ であれば，$T$ は，ヘッド位置のシンボルが $h$，ヘッド位置より左向きにたどって得られるシンボルのリストが $LList$，右向きにたどって得られるシンボルのリストが $RList$ であるようなテープを表す．$LList$ と $RList$ の先頭は，それぞれ，ヘッドの左隣と右隣の位置である．テープは左右の両方向に無限に伸びているが，空白記号 $(B)$ 以外のシンボルが書かれたマスの数は有限個である．そこで，$LList$ と $RList$ を有限なリストとし，それぞれ，リストを超えた位置にはすべて空白記号が書かれている無限なテープの左半分と右半分を表すことにする．

テープの読み取りヘッドを左右に動かす操作に対応する関数 $moveL(T)$ と

$moveR(T)$ を以下のように定義する．

$$
\begin{aligned}
moveL(l :: LList,\ h,\ RList) &= (LList,\ l,\ h :: RList) \\
moveL((nil,\ h,\ RList) &= (nil,\ B,\ h :: RList) \\
moveR(LList,\ h,\ r :: RList) &= (h :: LList,\ r,\ RList) \\
moveR(LList,\ h,\ nil) &= (h :: LList,\ B,\ nil)
\end{aligned}
$$

この定義（および本書の以降の各定義）において，$nil$ は空のリストを表し，$x :: Y$ はリスト $Y$ の先頭に要素 $x$ を付け加えたリストを表す．また，リストの操作関数は，このように，リストが空か否かにより場合分けで定義する．

次に，状態 $q$ とテープのヘッド位置のシンボル $h$ との組 $(q, h)$ に対応するエントリーを探索する関数 $lookUp$ を定義する．$lookUp$ は，プログラム $P$ の2番目の要素 $entryList$ に関する以下の再帰方程式で表現される．

$$
\begin{aligned}
lookUp(nil, qh) &= NONE \\
lookUp((ps \Rightarrow psd) :: entryList, qh) &= \begin{cases} SOME(psd) & (qh = ps) \\ lookUp(entryList, qh) & (qh \neq ps) \end{cases}
\end{aligned}
$$

ここで使用される記法 $NONE$ と $SOME(x)$ は，それぞれ，要素が存在しないこと，要素が存在してそれが $x$ であることを表す．この表記は，結果が存在しないことがありうる関数定義で使用される．また，$qh$ や $ps$，$psd$ などは組全体を表す変数である．例えば条件 $(qh = ps)$ は2つの組が同一であることを表す．

これらの定義を使い，プログラム $P$ によって実行状態 $E$ が $E'$ に遷移することを表す関係

$$P \vdash E \Longrightarrow E'$$

を定義する．与えられた $P$ と $E$ を

$$
\begin{aligned}
P &= (q_0, entryList) \\
E &= (q, (LList, h, RList))
\end{aligned}
$$

とする．このとき $E'$ は以下の状態である．

1. $lookUp(entryList, (q, h))$ の結果が $NONE$ であれば，対応する $E'$ は存在しない．
2. 上記以外の場合，$E'$ は以下の等式で計算される値である．

$$\begin{aligned} SOME(p, h', d) &= lookUp(entryList, (q, h)) \\ T &= \begin{cases} moveL(LList, h', RList) & (d = L \text{ のとき}) \\ moveR(LList, h', RList) & (d = R \text{ のとき}) \end{cases} \\ E' &= (p, T) \end{aligned}$$

プログラム $P$ に対して，$(q_0, T_0)$ を出発点とする

$$P \vdash (q_0, T_0) \Longrightarrow (q_1, T_1) \Longrightarrow \cdots \Longrightarrow (q_n, T_n)$$

なる遷移関係があり，さらに $P \vdash (q_n, T_n) \Longrightarrow (q', T')$ なる $(q', T')$ が存在しないとき，$T_n$ を，プログラム $P$ が $T_0$ に対して計算する値と定義し，

$$eval(P, T_0) = T_n$$

と書くことにする．$(q_0, T_0)$ を出発点とする状態遷移関係が無限に続く場合，$eval(P, T_0)$ の値は未定義である．チューリング言語は，以上の構文とその意味によって完全に定義される．

プログラム $P_{addOne}$ が生成する状態遷移関係の例を以下に示す．

$$\begin{aligned} P_{addOne} \vdash (M, ([1,1,1], 1, nil)) &\Longrightarrow (M, ([1,1], 1, [0])) \\ &\Longrightarrow (M, ([1], 1, [0,0])) \\ &\Longrightarrow (M, (nil, 1, [0,0,0])) \\ &\Longrightarrow (M, (nil, B, [0,0,0,0])) \\ &\Longrightarrow (H, (nil, B, [1,0,0,0,0])) \end{aligned}$$

したがって，

$$eval(P_{addOne}, ([1,1,1], 1, nil)) = (nil, B, [1,0,0,0,0])$$

である．このプログラムとその評価は，チューリング機械 $\mathbf{M}_{addOne}$ がテープのヘッド位置から左向きに書かれた 2 進数 1111 に対して行う計算を表現していることを確認できる．

以上の分析から，チューリング機械の構造と動作を定義することと，チューリング言語の構文と意味を定義することは，同一であることが理解できる．さらに，チューリング言語で書かれたプログラムの値の計算 $eval(P, T_0)$ は $P$ に対応するチューリング機械 $\mathbf{M}$ を $T_0$ が表現するテープに対して実行することと同一である．

## 1.3　プログラミング言語開発の枠組み

1.2 節で学んだ，チューリング機械の計算とチューリング機械を表現するチューリング言語のプログラムとの同型関係は，チューリング機械という具体的な構造に限らず，計算を表現する機械とそれを動かすプログラミング言語に対して成立する．この関係により，Turing らの一連の研究によって示された計算可能性の理論は，プログラミング言語に関する理論と捉え直すことができる．

我々は 1.1 節で，種々の高度な機能を持った機械は，基本的な機械から始めて，模倣の系列を構築することによって実現できることを学んだ．この結果を，計算機とプログラミング言語の関係に当てはめれば，プログラミング言語に関する以下の結果が得られる．

1. すべてのプログラミング言語は，基本的な機能を持っている限り，同じ表現力を持つ．
2. プログラミング言語 $L_1$ は，適当なプログラムを用意することによって，別のプログラミング言語 $L_2$ を実現できる．この実現の系列を，計算機の模倣の関係にならい，

$$L_1 < L_2$$

と書くことにする．

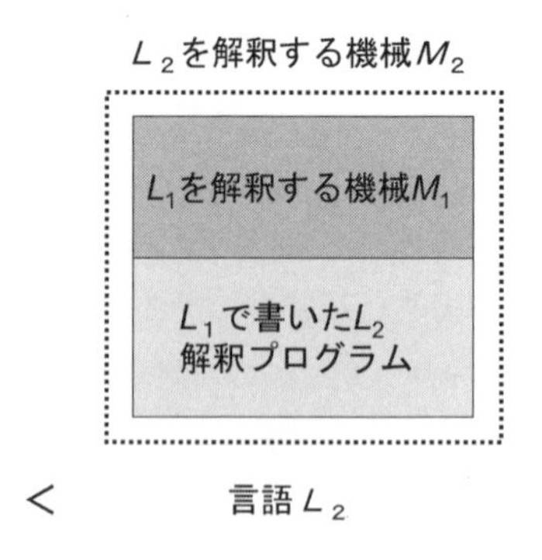


図 **1.2**　インタープリタによる新しい言語の実現

3. 高度な機能を持つプログラミング言語 $L$ は，既存のプログラミング言語 $L_0$ から始めて，

$$L_0 = L_1 < \cdots < L_n = L$$

のような実現の系列を通じて開発することができる．

新しい言語 $L_2$ と既存の言語 $L_1$ の関係

$$L_1 < L_2$$

を実際に実現するシステムが，プログラミング言語処理系と呼ばれるプログラム（群）である．$L_1$ は既存の言語であるから，$L_1$ を実行する機械 $M_1$ が存在するはずである．実現を目指す新たな言語 $L_2$ に対しては，その意味が厳密に定義されているはずである．1.2.2 項のチューリング機械と状態遷移を記述するプログラムの関係からもわかる通り，このことは，$L_2$ で書かれた任意のプログラムを実行する機械 $M_2$ の厳密な定義が可能であることと等価である．1.2 節の結果から，$M_2$ は，$M_1$ で動く $M_2$ を模倣するプログラム $\mathcal{I}$ を書くことによって実現できる．言語 $L_2$ の視点から見ると，このプログラム $\mathcal{I}$ は，$L_2$ のプログラムを解釈実行できるため，$L_2$ のインタープリタと呼ばれる．図 1.2 にインタープリタの構造を模式的に示す．Turing が示した万能チューリング機械 $U$ による任意のチューリング機械 $M$ の模倣は，プログラ

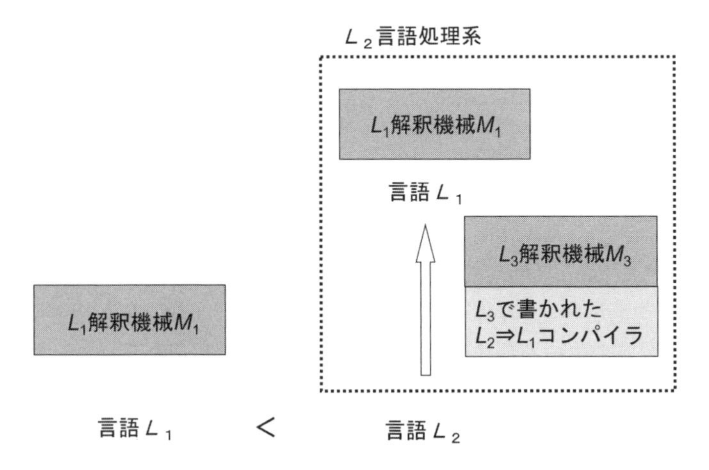


**図 1.3**　コンパイラによる新しい言語の実現

ミング言語から見れば，チューリング言語で記述可能な任意のプログラムを解釈実行できるインタープリタを開発することに対応する．

プログラミング言語の場合は，このインタープリタを通じた実現に加えて，もう一つの実現方法が存在する．プログラミング言語は，人間が使う自然言語と同様，文章の集合である．自然言語の場合は，$L_2$ を熟知した専門家によって，$L_2$ を $L_1$ に翻訳することができる．$L_1$ を話す人間は，この翻訳を通じて，$L_2$ 言語の文を読むことができる．プログラミング言語の実現関係 $L_1 < L_2$ のもう一つの構築方法は，$L_2$ を $L_1$ に翻訳するプログラムを開発することである．$L_2$ の意味が何らの方法で定義されていれば，$L_2$ を実行する機械を構築する代わりに，$L_2$ の文を入力として受け取り，それと同じ意味を持つ $L_1$ の文を生成するプログラムを書けば，この翻訳が実現できる．この翻訳を行うプログラム $\mathcal{C}$ を，$L_2$ から $L_1$ へのコンパイラと呼ぶ．$L_1$ が，よく使用されるコンピュータの機械語などのように了解されている場合は，単に $L_2$ コンパイラと呼ぶ．例えば,「C コンパイラ」は，C 言語を PC などのハードウェアによって実行される機械語に翻訳するプログラムを指す．図 1.3 にコンパイラの構造を模式的に示す．コンパイラを記述する言語 $L_3$ は，すでに実現されている言語であればどのような言語でもよい．

## 1.4　プログラミング言語処理系開発の課題

1.3 節の分析を通じて，新しいプログラミング言語 $L$ を実現する枠組みを理解できたはずである．本節では，実際に言語処理系を実現する上での課題を概観する．

プログラミング言語 $L$ の言語処理系は，インタープリタの場合でもコンパイラの場合でも，入力した言語の文，すなわち $L$ で書かれたプログラムの構文と意味を解析し，その意味を実現するシステムである．したがって，言語処理系の開発の最初の課題は，言語の構文構造の解析である．解析するためには，言語の構文構造の定義が必要となる．

一般に，言語の構文構造の厳密かつ完全な定義は，複雑で困難な課題である．さらに，厳密な定義が可能であったとしても，その定義に則した解析方法が構築できなければ，言語処理系の開発には使用できない．プログラミング言語の構文構造の定義においては，十分に強力で厳密かつ解析方法を開発できる枠組みを見つけ出すことが，具体的な課題となる．これまでのプログラミング言語の研究開発の経験から，この課題に対して，言語の構造を階層的に定義する戦略が確立している．以下，その構造とそれぞれの階層についての本書での扱いを概観する．

- 文字列としての言語の性質と文字列処理
  言語は文字列の集合である．文字列は連結以上の構造を持たないため，この階層はほぼ自明である．しかし，言語の構造の定義と解析はすべて文字列集合の性質を基礎とし，文字列の操作は，言語処理系開発の基盤である．本書では，文字列集合の性質を確認し，言語処理系の雛形として，言語を文字列として読み込み印字するシステムを構築する．
- 字句の定義と字句解析
  プログラムを構成する単位としての字句を定義し，文字列からなるプログラムを，字句の列に分解する．この字句の定義と解析には，正規言語の定義とオートマトンを用いた解析技術が確立している．この解析技術は，LR 構文解析の基礎ともなる重要なものである．本書では，その理論的枠組みを理解し，字句解析処理の構築技術を学ぶ．

- 文脈自由文法による構文の定義と構文解析
  プログラムの構文構造を，文脈に依存しない文法規則を使って定義し，字句解析が終了した字句の列を構文解析し，文法規則に従う構文木を生成する．文脈自由文法に対してさまざまな構文解析手法が研究され提案された．コンパイラの教科書では，これらの構文解析手法を一通り紹介することが多いが，本書では，実用コンパイラ開発に広く使用されている LR 構文解析を取り上げ，ほかの LL 構文解析法などは割愛することにする．その動機と目的は，第 5 章の冒頭で改めて詳しく説明する．
- 型システムによる文脈依存の参照関係の定義と型推論
  およそすべての言語には，係り結びなどの文脈に依存した制約がある．プログラミング言語でも，変数の宣言と利用などに関して，文脈に依存した制約がある．これらの文脈依存の性質は，型システムを通じて定義し，型が正しいか否かを推論するシステムを構築することによって，解析を行う．一般のコンパイラの教科書では，型の解析は操作の不整合をチェックする解析と見なされ，文脈依存の構文構造の解析とは見なされないことが多いと思われる．しかし，型システムの本質は，論理学の枠組みを使い，名前の定義と参照の関係，さらに名前の使い方に関する制約を規定することである．この本質を理解すれば，近代的なプログラミング言語に採用されつつある型推論なども，系統的に理解することができる．そこで本書では，この型の解析の系統的な扱いを含める．

以上の過程を通じて，言語の構文構造が定義され，解析方法が確立される．言語処理系の残る課題は，解析が終了したプログラムを，そのプログラムと同じ意味を持ちかつ機械で実行できる言語に変換するコンパイルアルゴリズムの開発である．この変換プログラムの開発には，言語で書かれたプログラムが持つ意味の厳密な定義が必要である．表示的意味論など，種々の意味定義の数学的な枠組みが研究されているが，現実の言語の表示的意味を定義し，その定義に基づき処理系を開発することは，現時点では困難である．プログラミング言語の開発の基礎としては，操作的意味論がよく用いられている．操作的意味論は，高水準のプログラミング言語の任意の式に対して，式の持つ値を再帰的に定義する体系であり，その定義から容易に，定義を実現する高水準プログラミング言語のインタープリタを開発することができる．本書では，操作的意味論を理解し，操作的意味論に基づくインタープリタの構築方法を学ぶ．

コンパイラは，高水準言語のプログラムを，その操作的意味論が定義する値と同じ値を計算をする機械語コードに変換するプログラムである．この変換は，具体的な個々の機械の詳細を抽象した仮想的な機械，すなわち抽象機械への変換を経由して行われることが多い．抽象機械コードは，有限な種類の命令の列であるのに対して，高水準言語のプログラムは，帰納的に定義された複雑な構造を持つ．コンパイルアルゴリズムは，このプログラム構造を再帰的にたどり，命令の列へと変換する．この再帰的な変換を，操作的意味論を基礎として定義できれば，系統的かつ正しさが証明可能な変換アルゴリズムを構築できる．本書では，操作的意味論を構成する再帰的な評価関係から導出される再帰方程式を用いたコンパイルアルゴリズムの構築方法と，その正しさの証明手法を学ぶ．さらに，それらを基礎として抽象機械へのコンパイラを開発する．

## 1.5　練習問題

**問 1.1**　$\Sigma$ をアルファベットとする言語の要素（文）は，$\Sigma$ の要素の有限の並びである．この言語（文の集合）を $\Sigma^*$ と書くことにする．

1. $\Sigma^*$ は可算無限集合，すなわち，自然数の集合と 1 対 1 対応がある集合であることを $\Sigma^*$ の要素に通し番号をつけることによって示せ．
2. このことから，自然数から自然数への関数に限っても，コンピュータ・プログラムで表現できないものが存在することを確認せよ．
3. 有理数係数の代数方程式の解として表される実数を代数的数と呼ぶ．有理数係数の代数方程式は，$\Sigma$ を適当に取れば，$\Sigma^*$ の要素で表現できることを確認せよ．このことから，非代数的数（代数的数ではない数）

は無限に存在することを示せ.

**問 1.2** 自然数の表現に関して以下の問いに答えよ.

1. 1 桁の 2 進数 $B$ と 1 桁の 5 進数 $Q$ の組 $(B|Q)$ を軸と呼ぶことにする. 軸 $(B|Q)$ の種類は 10 通りであるから（10 進数で）0 から 9 までの 10 個の数を表現できる. 軸が表現する数を 2 通り定義し，それぞれについて，0 から 9 までの軸表現を列挙せよ.
2. 軸は 0 から 9 までの数を表現する. したがって，軸を 1 桁の数字とする 10 進数表現が可能である. 上記 1 で定義した軸のそれぞれの表現に従い，軸列の足し算の仕方を記述せよ.
3. 軸 $(B|Q)$ の $B$ をそろばんの五珠が表す数とすると，軸列はそろばんの表現と見なせる. しかしそろばんの構造自体は五珠を 2 桁目の位とすることを要求していない. そこで，そろばんの軸が表す $(B|Q)$ の $Q$ を 2 桁目の位と解釈することも可能である. 手元のそろばんをこの解釈の下で使用し，数を数え，足し算を実行してみよ.

**問 1.3** チューリング機械の定義では，各動作ステップで必ずテープヘッドを右か左に移動する仕様になっている. この動作を，シンボルの書き換えとテープヘッドの移動の 2 種類に分割することを考える.

1. この動作を反映した機械を Post スタイルチューリング機械 $P$ と呼ぶことにする. $P$ の定義を与えよ.
2. Post スタイルチューリング機械 $P$ は，従来の定義に従うチューリング機械 $M$ を模倣できることを確認せよ.

# 第2章

# SML# チュートリアル

コンパイラやインタープリタは，実現の対象となるプログラミング言語（対象言語）を機械語に変換したり実行したりするプログラムである．プログラミング言語処理系の開発は，これらのプログラムを，既存の言語（実装言語）で記述することによってなされる．コンパイラやインタープリタの原理と構造を解説する上で，その対象言語と実装言語には種々の選択肢がありうる．本書では，対象言語として ML の小さなサブセットである CoreML 言語を定義し，そのインタープリタと抽象機械語コードへのコンパイラを開発する．ML 言語は，近代的な言語が持つ高階の関数や型推論などの機能の実現方法を学ぶ上で最適な対象言語といえる．さらに，コンパイラやインタープリタの実装言語として ML 言語の一つである SML# を用いる．本章では，高水準プログラミング言語の役割を概観したあと，CoreML 処理系の開発に必要な SML# プログラミングの基礎を，1.2.2 項で定義したチューリング言語のインタープリタの実装を通じて解説する．

## 2.1　高水準言語の役割と ML の紹介

第 1 章で学んだ通り，プログラミング言語は，計算を表現する能力の観点からはすべて等価である．しかし，プログラミング言語の役割は，単に計算を表現するだけではない．コンピュータの誕生以来，数多くのプログラミング言語が設計され開発されてきたが，それら種々の言語の研究開発の目的は，計算をよりよく記述できる言語の実現である．現実の複雑な問題を解くソフトウェアは，膨大な量のコードで実現された複雑で大規模な論理体系と捉えることができる．論理体系では，その中に潜むたった一つの不整合によって，重要な定理が無効化され体系全体が破壊されてしまう場合がある．大規模なソフトウェアも同様の危険性をはらんでいる．近代的なプログラミング言語の主な役割は，このような複雑で膨大な論理体系としてのソフトウェアを，誤りなく高水準に記述することができる言語を提供することである．

プログラミング言語 ML は，この高水準でより信頼性の高いの記述を目的に開発された関数型言語の一つである．ML がサポートする柔軟で強力な型システムによって，コンパイラは，多くのプログラムエラーをコンパイル時に検出することができる．さらに，型システムと一体となったモジュールシステムは，大規模なソフトウェアの設計と開発の有用な道具である．本書で使用する SML# は，ML 言語の一つである Standard ML を種々の実用的な機能で拡張した言語であり，コンパイラの開発などに最適なプログラミング言語の一つといえる．

本章では，SML# プログラミングの基本を解説する．本解説は ML 言語や SML# プログラミングの詳しい解説を意図したものではない．本格的な ML プログラミングの学習には，SML# プログラミングの教科書 [8] および ML 言語の教科書 [9] を勧める．

## 2.2　チューリング言語インタープリタの設計と開発

見通しよく効率的なシステムの開発のために，コードを開発する前に，システムの構成をモジュールの集まりとして設計するのがよい習慣である．チューリング言語インタープリタのシステム構成の設計のために，チューリング言語の構造を分析してみよう．チューリング機械のプログラムは，機械状態と状態遷移表であり，機械の定義と一体になっている．この点が，プログラムをデータで表現するフォン・ノイマン・アーキテクチャとの大きな違いである．1.2.1 項で定義したチューリング言語は，この構造を反映し，アルファベットなどの言語要素の定義とプログラムの定義が一体となっている．そこで，チューリング言語インタープリタを，

1. チューリング言語の定義とそのプログラムをまとめた TM モジュール，
2. チューリングプログラムを評価する Eval モジュール，および
3. プログラムを実行し結果を印字する Main モジュール

からなるシステムとする．以下，TM，Eval，Main の順に各モジュールを設計・開発することにする．

SML# では，各モジュールの設計は，モジュールを構成する部品の型を記述したインターフェイスファイルを定義することによって行う．TM モジュールのインターフェイスファイル TM.smi の例を以下に示す（本書では，そのまま記述できるコード例を枠で囲って示す．また，全体がファイルの中身の場合は，枠にファイル名を示す）．

TM.smi
```
_require "basis.smi"
structure TM =
struct
  datatype D = R | L
  datatype S = B | I | O
  datatype Q = M | H
  type delta = ((Q * S) * (Q * S * D)) list
  type program = Q * delta
  type tape = S list * S * S list
  val P : program
end
```

この例のように，ML のモジュールは，型の定義や関数定義を structure と呼ばれる単位にまとめて名前をつけたものである．ファイル名には，モジュール名にファイルの種類を示す拡張子をつけたものを使うと，システム構成が理

解しやすく便利である．インターフェイスファイルの拡張子は .smi である．

TM.smi の1行目の _require "basis.smi" は，このインターフェイスを実装するモジュールが標準ライブラリを使用することの宣言である．この宣言は，C 言語の #include <stdio.h> などと同様に，常に記述する．これに続く TM.smi の宣言の意味はそれぞれ以下の通りである．

- D，S，Q はそれぞれ 1.2.1 項で定義したテープを動かす方向 $\langle D \rangle$，シンボル集合 $\langle S \rangle$，機械状態 $\langle Q \rangle$ を表す新しい型の定義である．ML では，datatype 文で，新しい型が自由に定義できる．datatype 文の右辺に現れる名前は，定義する型のデータの構成子である．それぞれのデータ構成子の名前は，1.2.1 項でのチューリング言語の定義を踏襲している．ただし，数字 0 と 1 は，それぞれ O と I で表している．
- delta，program，tape は，それぞれ 1.2.1 項で定義した状態遷移関数 $\delta$ の表現 $\langle entryList \rangle$，プログラム $\langle program \rangle$，およびテープ $\langle T \rangle$ を表す型につけた名前である．

インターフェイスに対するソースモジュールは，インターフェイスファイルの拡張子を .sml に変えたファイルに定義する．型定義などのプログラムを含まない部分はそのまま記述する．関数や変数定義は，型の示唆をヒントにコードを書いていけばよい．TM.sml は，型の定義をコピーしたあと，変数 P を progam 型を持つ式として定義すればよい．$((M, 1) \Rightarrow (M, 0, R))$ などの遷移関係が組 ((M,I), (M,O,R)) で表現されていることに注意して，1.2.1 項に $\delta$ の表現を書き下せばよい．以下に定義例を示す．

TM.sml
```
structure TM =
struct
  datatype D = R | L
  datatype S = B | I | O
  datatype Q = M | H
  type delta = ((Q * S) * (Q * S * D)) list
```

```
  type program = Q * delta
  type tape = S list *  S * S list
  val P = (M, [((M, I), (M, O, L)),
               ((M, O), (H, I, L)),
               ((M, B), (H, I, L))])
end
```

Eval モジュールは，1.2.2 項で定義したチューリングプログラムを与えられたテープに適用し実行する *eval* 関数を定義するモジュールである．そのインターフェイスファイルは，以下のように定義できる．

Eval.smi

```
_require "basis.smi"
_require "./TM.smi"
structure Eval =
struct
  val eval : TM.program -> TM.tape -> TM.tape
end
```

2 行目の _require "./TM.smi" は，このモジュールが，標準ライブラリに加え，同一ディレクトリにある TM.smi を使用することを宣言している．チューリング言語処理系開発の主な仕事は，eval 関数を定義し Eval モジュールを実装し Eval.sml を完成させることである．1.2.2 項の *eval* 関数の定義に従いコードを書いていけばよい．そのためにまず，テープを左右に動かす関数

```
val move : TM.D -> TM.tape -> TM.tape
```

を定義する．1.2.2 項で定義した関数

```
val moveL : TM.tape -> TM.tape
val moveR : TM.tape -> TM.tape
```

があれば，

```
fun move L tape = moveL tape
  | move R tape = moveR tape
```

と定義することができる．このように，ML では，datatype で定義された値を受け取る関数は，dataype で定義された構成子を使った場合分けで定義する．関数 moveL と moveR は 1.2.2 項の定義式をそのままコードすれば実現できるが，ここではまず，両者に共通な（仮想的な）無限のリストの処理関数

```
val Hd : TM.S list -> TM.S
val Tl : TM.S list -> TM.S list
val Cons : TM.S * TM.S list -> TM.S list
```

を定義する．Hd は先頭要素を取り出す関数，Tl は先頭要素を除いた残りのリストを返す関数，Cons はリストの先頭に要素を付け加える関数である．テープの表現の意味を考えると，以下のように定義できる．

```
fun Hd nil = B
  | Hd (h :: _) = h
fun Tl nil = nil
  | Tl (_ :: tl) = tl
fun Cons (B, nil) = nil
  | Cons (h,t) = h::t
```

パターンの中の "_" は使用しない任意の値を表す．これらの関数を使えば，moveL と moveR を以下のように定義できる．

```
fun moveL (LList, h, RList) =
    (Tl LList, Hd LList, Cons (h, RList))
fun moveR (LList, h, RList) =
    (Cons (h, LList), Hd RList, Tl RList)
```

eval は，実行状態の遷移

$$P \vdash E \Downarrow E'$$

を可能な限り繰り返す処理である．そこで，状態遷移を実行する関数

```
val exec : TM.delta -> TM.Q * TM.tape -> TM.tape
```

をまず定義する．exec は，状態とヘッド位置のシンボルの組をキーとして状態遷移を表現したリスト（TM.delta 型のデータ）を探索し，一致するエントリーが存在する限り，見つかったエントリーを使って状態とテープ内容を更新し自分自身を呼び出すことを繰り返す．この処理の中心となるリストの探索は，リストをたどることによって直接プログラムできるが，ここでは，ライブラリ関数の利用法の説明も兼ねて，リスト処理標準ライブラリ List に提供されている関数 find を使って実装することにする．ライブラリ関数は，List.find のように参照する．以下のように，SML# を起動し，対話型セッションで関数名を評価するとその型を表示することができる．

```
$ smlsharp
# List.find;
val it = fn : ['a. ('a -> bool) -> 'a list -> 'a option]
```

下線で示した行がユーザの入力である．この関数は，bool 値を返す関数をリストの各要素に適用し，関数が true を返す要素があれば，最初に見つかった要素 $e$ を SOME $e$ として返し，そのような要素が存在しなければ，NONE を返す．今回の場合，探索すべき状態とシンボルが (q, h) であれば，

```
List.find (fn (x,y) => x = (q, h)) delta
```

と書ける．以上から，exec を以下のようにプログラムできる．

```
fun exec delta (q, tape as (LList, h, RList)) =
  case List.find (fn (x,y) => x = (q, h)) delta of
    NONE => (LList, h, RList)
```

```
  | SOME (x, (q', s, d)) =>
    exec delta (q', move d (LList, s, RList))
```

モジュール Eval.sml は，これまでの定義をストラクチャにまとめることによって，以下のように定義できる．

Eval.sml

```
structure Eval =
struct
  本節で定義した関数定義コード
   （定義が参照より前にくるように並び替える）
  fun eval (state, delta) tape = exec delta (state,tape)
end
```

次にプログラムモジュール Main を開発する．このモジュールは，プログラムを定義，実行し結果を表示するメインモジュールであり，ほかのモジュールに提供すべき関数などはない．そこで，インターフェイスファイルは，このモジュールが使用するモジュールを以下のように宣言するだけでよい．

Main.smi

```
_require "basis.smi"
_require "reify.smi"
_require "./TM.smi"
_require "./Eval.smi"
```

"reify.smi" は，情報を印字するための清書プログラムなどを提供するライブラリである．ソースファイル Main.sml では，テープ T を定義し，TM モジュールが定義したプログラム P を Eval モジュールの関数 eval を使って T とともに実行し，結果を印字するコードを書けばよい．その例を以下に示す．

Main.sml

```
open TM
val T = ([I, I, I], I, nil);
```

```
val r = Eval.eval P T;
val _ = Dynamic.pp {T = T, r = r};
```

最後の Dynamic.pp 関数は，"reify.smi" ライブラリが提供する以下の型を持つ汎用の印字関数である．

```
# Dynamic.pp;
val it = fn : ['a#reify. 'a -> unit]
```

ユーザ宣言した型を含む任意の型を印字することができる．

## 2.3 分割コンパイルとコマンドの作成

以上で完成した各モジュールは，以下のようにコンパイルしオブジェクトファイルを生成することができる．

```
smlsharp -c TM.sml
smlsharp -c Eval.sml
smlsharp -c Main.sml
```

これらのコマンドによって，TM.o，Eval.o，Main.o のオブジェクトファイルが作られる．これらのオブジェクトファイルをリンクしコマンドを作成すると，定義したチューリングプログラムを実行し結果を見ることができる．トップレベルのインターフェイスファイル Main.smi に対して -c スイッチなしで SML# を

```
smlsharp -o Main Main.smi
```

のように起動すると，必要なオブジェクトファイルがリンクされコマンドが作成される．-o Main は出力ファイル名の指定である．省略すると a.out の名前でコマンドが作られる．コンパイルとリンク，さらに作成されたコマンドの実行例を以下に示す．

```
$ smlsharp -o Main Main.smi
```

```
$ ./Main
{T = ([I, I, I], I, []), r = ([], B, [I, O, O, O, O])}
```

## 2.4　練習問題

**問 2.1**　SML# は，分割コンパイルを支援する Makefile 自動生成機能を提供している．トップレベルのインターフェイスファイル `Main.smi` に対して

```
smlsharp -MMm Main.smi > Makefile
```

と起動すると，Makefile が作成される．この Makefile を make コマンドで実行すると，ファイル名 `Main.smi` から拡張子を除いた名前 `Main` を持つコマンドが作成される．この機能を利用して，チューリング言語インタープリタシステムの Makefile を作成し，コマンドを作成・起動し，動作を確認せよ．

**問 2.2**　チューリングプログラムに以下の変更を加えよ．

1. テープヘッドの初期値を，2 進数の左側の空白記号の位置とせよ．
2. 計算が終了したら，ヘッドを 2 進数の左側の空白記号の位置に移動せよ．

変更後，システムを make し直し，コマンドを実行し，結果を確認せよ．

**問 2.3**　チューリング機械の定義モジュール `TM` を，以下の手順で，問 1.3 で定義した Post スタイルチューリング機械に改良せよ．

1. 機械の動作と状態遷移表を以下の型で表現せよ．

```
datatype A = Move of D | Write of S
type delta = ((Q * S) * (Q * A)) list
```

2. この変更に対応し，動作関数 `exec` を変更せよ．
3. `P` の定義を上記 2 の変更に合わせて変更し，テストを行え．

# 第3章

# 文字列の性質と文字列処理

新しいプログラミング言語コンパイラを開発するためには，対象言語の解析方法を開発する必要がある．その第一段階は，言語の構文構造の定義と構文解析方法の確立である．自然言語の場合，通常，言語の構文構造は以下のような階層構造を通じて理解される．

| | 構造 | 構成要素 |
|---|---|---|
| 1 | 文字列 | アルファベット |
| 2 | 語彙 | 定数，名前，区切り記号など |
| 3 | 文章 | 主語，述語，修飾句，文などの文法概念 |

プログラミング言語の構文構造の解析も，この3階層で行う戦略をとる．この戦略によって，解析の複雑さを制御しながら最適な解析方法を開発できる．それぞれの階層に対して，

- 構造の厳密な定義
- 定義された構造の解析方式の開発

を行い，階層ごとの解析方法を合成し，プログラミング言語全体の解析方法を確立する．本章では，第一段階目の文字列の定義と解析方法を学ぶ．

## 3.1　文字列と文字列集合の性質と演算

$\Sigma$ を与えられたアルファベット，すなわち文字（記号，シンボル）の有限集合とする．$\Sigma$ 上の文字列の集合 $\Sigma^*$ を以下のように定義する．

$$\Sigma^* = \{a_1a_2\ldots a_n | 0 \leq n, a_i \in \Sigma\}$$

ここで，$a_1a_2\ldots a_n$ は，$a_1$ から $a_n$ までを並べたものである．$n = 0$ の場合は，$\Sigma$ の要素の 0 個の並び，すなわち文字が存在しない文字列である．この文字列を特に空文字列と呼び，$\epsilon$ で表す．$\Sigma^*$ の要素を $w$，$x$，$y$ などの英小文字で表すことにする．集合要素の代表として用いるこれらの記号をメタ記号と呼ぶ．

集合 $\Sigma^*$ の要素である文字列は記号の並びである．この構造から，2 つの文字列の連結演算が定義される．$x$ と $y$ をそれぞれ文字列 $a_1a_2\ldots a_n$ と $b_1b_2\ldots b_m$ とする．このとき，$x$ と $y$ を連結して得られる文字列 $a_1a_2\ldots a_nb_1b_2\ldots b_m$ を $x$ と $y$ を並べて $xy$ と書く．この連結演算は，$\Sigma^*$ 上の 2 項演算である．通常 2 項演算は，加算 $n+m$ のように演算子を使って表記されるが，この連結演算は，単に 2 つの引数を並べて表記する．この演算は，文字列の定義から，結合則が成立する．すなわち，任意の $\Sigma^*$ の要素 $x, y, z$ について，$(xy)z = x(yz)$ である．また，空文字列 $\epsilon$ はこの連結演算の単位元である．

文字列の連結演算は，$\Sigma^*$ の部分集合間の演算に拡張される．$\Sigma^*$ の部分集合 $A$ と $B$ に対して作られる集合 $AB$ を以下のように定義する．

$$AB = \{xy \mid x \in A, y \in B\}$$

この表記 $AB$ は，2 つの集合の演算を表す．文字列の連結演算と同様，この演算にも結合則が成立する．また，集合 $\{\epsilon\}$ はこの演算に関する単位元である．この集合演算を使って，自然数 $n \geq 0$ に対して，新たな集合 $A^n$ を，$n$ に関して帰納的に（$n$ に関する漸化式として）以下のように定義する．

$$\begin{aligned} A^0 &= \{\epsilon\} \\ A^{k+1} &= A^k A \end{aligned}$$

集合演算 $AB$ には結合則が成り立つから，この集合演算には，整数のべき乗の場合と同じ（非負のべきに対する）指数法則が成り立つ．この演算を使って以下の集合演算を定義する．

$$
\begin{aligned}
A^* &= \bigcup\{A^n \mid n \geq 0\} \\
A^+ &= \bigcup\{A^n \mid n \geq 1\}
\end{aligned}
$$

ここで，$\bigcup X$ は，集合の集合 $X$ のすべての要素の集合和を表す．すなわち，

$$\bigcup X = \{x \mid x \in A, A \in X\}$$

である．$A^*$ は，$A$ の要素を 0 個以上連結して得られる文字列の集合，$A^+$ は，$A$ の要素を 1 個以上連結して得られる文字列の集合である．$A^*$ には必ず空文字列 $\epsilon$ が含まれるが，$A^+$ は $A$ が空文字列を含むときに限り空文字列を含む．集合 $A$ から $A^*$ を作る演算を，Kleene スター演算と呼ぶ．本節の冒頭で定義した文字列全体の集合 $\Sigma^*$ は，アルファベット $\Sigma$ に Kleene スター演算を適用して得られる集合と一致する．

## 3.2　文字列のみの構造を持つ CoreML 処理系

コンパイラを始め，プログラミング言語処理系は，ファイルに書かれたプログラムを読み込み，その内容を解析し翻訳などの処理を行うプログラムである．まえがきで述べた通り，本書では，コンパイラの原理の理解に加えて，その原理を基礎とした言語処理系の開発技術の習得も目的とする．この目的のために，本章以降の各章を通じて，ML 言語の小さなサブセット CoreML の言語処理系を開発する．本節では，文字列のみの構造を持つ CoreML 処理系を作成する．文字列としての構造しか持たないこの階層では，解析と処理はほぼ自明であるが，文字列の定義と性質がその後の階層の厳密な定義の基礎をなすように，この文字列の解析のみを行う処理系は，その後の処理系の雛形としての役割を果たす．

### 3.2.1　処理系の仕様と構造の決定

システム開発の出発点は，システムの仕様を決定し，その仕様を満たすシステム実現のためのシステム構造の設計である．本書で開発する処理系は，コマンドラインでファイル名を受け取り，ファイルを処理する．本章では，文字列としての構造しか持たない階層を対象とするので，その仕様は，文字列を読みプリントする処理とする．文字列を，1つ以上の空白で区切られている空白以外の文字の連続とする．文字列のプリントにはライブラリ関数を用いるので，システムが実現すべき機能は，空白の読み飛ばしと連続した文字の読み込みである．ほぼ自明な処理であるが，ファイルは空白で終了している場合も空白以外の文字で終了している場合もあり，いずれの場合も正確に文字列を読み込む必要がある．

システム構成は，本章に続く開発に拡張できることを考慮し，機能ごとにディレクトリを分けた以下の構造とする．

| ディレクトリ | モジュール | 機能 |
|---|---|---|
| main | Top | トップレベルの処理 |
| | Main | コマンド文字列解析，プログラム起動 |
| readstring | ReadString | 文字列の解析および印字 |

このシステムの readstring のディレクトリを上位レベルの解析と処理に置き換えることによって，インタープリタやコンパイラへと拡張していくことができる．

### 3.2.2　文字列とファイルの操作

文字列の操作はライブラリを用いて行う．SML# を含む Standard ML（およびその拡張言語）では，基本ライブラリ String ストラクチャで以下のような文字列処理が提供されている．

```
# structure S = String;
structure S =
  struct
```

```
    val ^ = fn : string * string -> string
    val size = <builtin> : string -> int
    val str = fn : char -> string
    val explode = fn : string -> char list
    val implode = fn : char list -> string
    ...
  end
```

このように，SML# の対話型モードでストラクチャの別名を宣言すると，ストラクチャが提供する関数などのインターフェイスを表示させることができる．^ は文字列を連結する中置演算子，size は文字列の長さを返す関数，str は 1 文字からなる文字列を生成する関数，explode と implode は文字列と文字のリストとを相互に変換する関数である．これらの演算はトップレベルでも定義されている．簡単な使用例を以下に示す．

```
# "abc" ^ "def";
val it = "abcdef" : string
# explode it;
val it = [#"a", #"b", #"c", #"d", #"e", #"f"] : char list
# str (hd it);
val it = "a" : string
```

ファイルの読み込みは，標準ライブラリの TextIO ストラクチャで行う．そのインターフェイスの一部を図 3.1 に示す．それぞれの関数とその使い方は，名前と型から推測される通りである．

### 3.2.3 文字列処理の作成

作成すべき処理は，空白の認識と読み飛ばし，空白が含まれない連続した文字列の認識と読み込みである．これらの 2 つの処理を以下のインターフェイスを持つモジュールにまとめる．

```
structure TextIO =
  struct
    val stdIn : instream
    val stdOut : outstream
    val stdErr : outstream
    val openIn : string -> instream
    val openOut : string -> outstream
    val closeIn : instream -> unit
    val closeOut : outstream -> unit
    val input1 : instream -> char option
    val lookahead : instream -> char option
    val endOfStream : instream -> bool
    val output  : outstream * string -> unit
    val output1 : outstream * char -> unit
    ...
  end
```

図 **3.1**　入出力ライブラリ TextIO のインターフェイスの一部

ReadString.smi

```
_require "basis.smi"
structure ReadString =
struct
  exception EOF
  val skipSpaces : TextIO.instream -> unit
  val readString : TextIO.instream -> string
end
```

skipSpaces は空白を読み捨てる関数，readString は空白がくるまで 1 文字ずつ読んで得られた文字をすべて連結し，1 つの文字列として返す関数であ

る．空白か否かの判定は，すでにライブラリ関数

```
# Char.isSpace;
val it = fn : char -> bool
```

として提供されている．例外 EOF は，skipSpaces の処理でファイル終了文字を検出したときに通知する例外である．このように処理途中で発生するエラーなどの事象を例外としてトップレベルに通知する構造にすると，簡潔で読みやすいプログラムになることが多い．ReadString モジュールの実装例を図 3.2 に示す．入出力は逐次的な手続き的処理であり，C 言語などの手続き型言語と同様のプログラム構造となる．ML では，逐次処理を (TextIO.input1 inStream; skipSpaces inStream) のように，括弧の中にセミコロンで区切った式を順に書いて表す．また，ループは，readRest 関数のように結果を保持する変数を引数とし，変数を変更し自分自身を再帰的に呼び出すことによって表現する．

### 3.2.4 Top モジュールおよび Main モジュールの開発

トップレベルモジュール Top のインターフェイスを以下に示す．

Top.smi
```
_require "basis.smi"
_require "../readstring/ReadString.smi"
structure Top =
struct
  val top : string -> unit
end
```

関数 top は，skipSpaces と readString を呼び出し，得られた結果をプリントすることを繰り返す関数である．図 3.3 にソースコードの例を示す．

残る開発項目は，top 関数を起動するメインモジュールの定義である．このモジュールは，標準ライブラリに加えて Top.smi を使用し，ほかのモジュールには何も提供しない．したがって，そのインターフェイスファイルは以下

ReadString.sml

```
structure ReadString =
struct
  exception EOF
  fun skipSpaces inStream =
    if TextIO.endOfStream inStream then raise EOF
    else case TextIO.lookahead inStream of
           SOME c =>
           if Char.isSpace c then
             (TextIO.input1 inStream; skipSpaces inStream)
           else ()
         | NONE => ()
  fun readString inStream =
    let
      fun readRest s =
         case TextIO.lookahead inStream of
           SOME c => if Char.isSpace c then s
                     else (TextIO.input1 inStream;
                           readRest (s ^ str c))
         | NONE => s
    in
      readRest ""
    end
end
```

図 **3.2**　ReadString.sml のプログラム例

Top.sml
```
structure Top =
struct
  fun readAndPrintLoop inStream =
    let val _ = ReadString.skipSpaces inStream
        val s = ReadString.readString inStream
        val _ = print (s ^ "\n")
    in readAndPrintLoop inStream end
  fun top file =
    let val inStream = TextIO.openIn file
    in readAndPrintLoop inStream;
       TextIO.closeIn inStream
    end
    handle ReadString.EOF => ()
end
```

図 3.3 トップレベルモジュールのソースコード例

のもので十分である．

Main.smi
```
_require "basis.smi"
_require "./Top.smi"
```

このモジュールは，コマンドライン引数からファイル名を受け取り，Top.top 関数を呼び出す．実装例を以下に示す．

Main.sml
```
val _ = case CommandLine.arguments() of
          h::_ => Top.top h
        | nil => ()
```

CommandLine.arguments は，コマンドライン引数を文字列のリストとして返すライブラリ関数である．

以上ですべてのモジュールの開発が完成したので，これらモジュールをコンパイルしリンクすれば，実行コマンドを作成できる．SML# の Makefile 自動生成機能（問 2.1 参照）を利用したコマンドの作成と起動の例を以下に示す（出力の一部は省略）．

```
$ smlsharp -MMm Main.smi>Makefile
$ make
  ...
smlsharp -o Main Main.smi
$ ./Main Main.smi
_require
"basis.smi"
_require
"./Top.smi"
```

## 3.3　練習問題

**問 3.1**　集合演算 $A^n$ に指数法則が成り立つことを示せ．すなわち，自然数 $n, m$ に対して以下の等式が成り立つことを示せ．

$$A^n A^m = A^{n+m}$$
$$(A^n)^m = A^{n \times m}$$

**問 3.2**　$\Sigma$ の任意の部分集合 $A$ に対して集合 $A^*$ と $A^+$ が定義される．空集合 $\emptyset$ に対する $\emptyset^*$ と $\emptyset^+$ はどのような集合か．

**問 3.3**　3.2 節で作成した文字列の読み込み処理を行うシステムは，コマンドラインにファイル名の指定がなければ，何もせずに終了する．この動作を改良し，コマンドラインにファイル名が指定されていなければ，標準入力から読み込み処理を行うように変更し，テストを行え．

# 第4章

# 字句解析

第3章の文字列の定義と処理は，プログラムをコンピュータで処理するための基盤となるものであるが，言語の構造と解析は何も含まれていない．言語解析の実質的な最初の段階は，ファイルに文字列として与えられたプログラムを，構文の最小単位である語彙に分解し，プログラムを語彙の列として認識する処理である．この処理を字句解析と呼ぶ．この用語は，計算機科学の分野で使われる英語の lexical analysis の訳語である．lexical とは，lexicon に由来する文を構成する語彙のことである．

## 4.1 正規言語を用いた語彙の定義

字句解析処理を開発するためには，

- 解析対象である語彙の厳密な定義
- 定義に従って語彙を認識するアルゴリズムの開発と実装

が必要となる．これらの定義と解析は表裏一体の関係にある．1.4 項で論じた通り，言語処理系の各ステップを開発する上で重要な課題は，系統的な解析が可能でかつ十分に強力な定義を見つけ出すことといえる．

プログラミング言語の語彙は，変数などの識別子，区切り記号，種々の型の定数などが含まれる．語彙の定義の枠組みには，これらのすべてを定義できるほどに強力であること，かつ，定義に基づき解析アルゴリズムを構築できることが要求される．語彙の定義は，これらの要求を満たす正規言語を用いて行われる．正規言語は，有限の要素からなる繰り返しパターンを記述できる形式言語であり，簡単なアルゴリズムで解析が可能である．

### 4.1.1　正規言語の定義

$\Sigma$ を与えられたアルファベットとする．$\Sigma$ 上の言語 $L$ は，$\Sigma^*$ の部分集合である．$\Sigma^*$ の部分集合全体の集合 $\{L \mid L \subseteq \Sigma^*\}$ を $\mathcal{P}(\Sigma^*)$ と書くことにする（以降，集合 $X$ の部分集合の集合を $\mathcal{P}(X)$ と表記する）．言語 $L \in \mathcal{P}(\Sigma^*)$ が特定の性質を満たすとき，$L$ は正規言語と呼ばれる．すなわち，正規言語とは，言語の性質に対する呼称である．このことを念頭に，正規言語の定義を理解しよう．

正規言語の定義は，通常以下のように与えられる．

1. 空集合 $\emptyset$ は正規言語である．
2. 任意の $a \in \Sigma$ について，$\{a\}$ は正規言語である．
3. もし $R$ が正規言語なら，$R^*$ も正規言語である．
4. もし $R_1$ と $R_2$ が正規言語なら，$R_1 \cup R_2$ も正規言語である．
5. もし $R_1$ と $R_2$ が正規言語なら，$R_1R_2$ も正規言語である．
6. 上記 1〜5 を満たすもののみが，正規言語である．

この定義は，項目 3〜5 で「正規言語」を参照しているので，通常の意味の定義，つまり既知の概念による言い換え，と理解することはできない．そこで，上記の注意を念頭に，この定義の意味を正確に理解しよう．正規言語全体の集合を $\mathcal{R}$ とする．$\mathcal{R} \subseteq \mathcal{P}(\Sigma^*)$ である．正規言語の定義の項目 1〜5 は，$\mathcal{R}$ に関する以下の性質を述べている．

1. $\emptyset \in \mathcal{R}$ である．
2. 任意の $a \in \Sigma$ について，$\{a\} \in \mathcal{R}$ である．
3. もし $R \in \mathcal{R}$ なら $R^* \in \mathcal{R}$ である．
4. もし $R_1 \in \mathcal{R}$ かつ $R_2 \in \mathcal{R}$ なら $R_1 \cup R_2 \in \mathcal{R}$ である．
5. もし $R_1 \in \mathcal{R}$ かつ $R_2 \in \mathcal{R}$ なら $R_1R_2 \in \mathcal{R}$ である．

これらの性質をすべてを満たす集合は複数存在する．例えば $\mathcal{P}(\Sigma^*)$ は，明らかに項目 1〜5 の性質をすべて満たす．しかし，$\mathcal{P}(\Sigma^*)$ は $\Sigma$ 上のすべての言語の集合であり，$\mathcal{R}$ を $\mathcal{P}(\Sigma^*)$ ととることはできない．正規言語の定義の項目 6「上記 1〜5 を満たすもののみが，正規言語である」は，$\mathcal{R}$ が，これらの性質を満たす集合の中で最小のもの，との規定である．

この最小の集合 $\mathcal{R}$ を，以下のように定義し直すことができる．$\mathcal{P}(\Sigma^*)$ の部分集合の無限系列 $\mathcal{R}_i(0 \leq i)$ を以下の漸化式で定義する．

$$
\begin{aligned}
\mathcal{R}_0 &= \{\emptyset\} \cup \{\{a\} \mid a \in \Sigma\} \\
\mathcal{R}_{K+1} &= \mathcal{R}_k \cup \{R^* \mid R \in \mathcal{R}_k\} \\
&\quad \cup \{R_1 \cup R_2 \mid R_1 \in \mathcal{R}_k, R_2 \in \mathcal{R}_k\} \\
&\quad \cup \{R_1 R_2 \mid R_1 \in \mathcal{R}_k, R_2 \in \mathcal{R}_k\}
\end{aligned}
$$

例えば $\Sigma = \{0, 1\}$ なら，$\mathcal{R}_0$ と $\mathcal{R}_1$ は以下のような言語の集合である．

$$
\begin{aligned}
\mathcal{R}_0 &= \{\emptyset, \{0\}, \{1\}\} \\
\mathcal{R}_1 &= \{\emptyset, \{0\}, \{1\}, \{\epsilon\}, \{0\}^*, \{1\}^*, \{0, 1\}, \{01\}, \{10\}\}
\end{aligned}
$$

無限系列 $\mathcal{R}_i(0 \leq i)$ は，正規言語の定義の項目 3〜5 を，新たに正規言語を生成する規則と見なし，順次正規言語を生成していく系列と理解できる．意図する正規言語全体の集合 $\mathcal{R}$ は，この操作を無限に繰り返して得られる「極限」である．極限のような複雑な概念を使うことなく，直接以下のように与えることができる．

$$
\mathcal{R} = \bigcup \{\mathcal{R}_n \mid n \geq 0\}
$$

集合 $X, Y$ の差集合 $\{x \mid x \in X, x \notin Y\}$ を $X \setminus Y$ と書く．正規言語について以下の性質が知られている．

**定理 4.1 （正規言語の閉包性）** $R, S$ が正規言語なら，$\Sigma^* \setminus R$, $R^n$, $R^+$, $R \setminus S$, $R \cap S$ の各集合も正規言語である．

### 4.1.2　正規表現による正規言語の表現

正規言語は，空集合 $\emptyset$ と単元集合 $\{a\}$ から始めて，集合和，集合の連結演算，Kleene スター演算を使い作り出された言語の集まりである．この正規言語を作り出していくために使われる最初の各集合に名前をつけ，さらに，正規言語を構成する 3 つの集合演算に対して新しい名前を構成する規則を定義すれば，正規言語すべてに名前をつけることができる．空集合 $\emptyset$ の名前を $\phi$ とし，単元集合 $\{a\}$ の名前を $a$ とする．集合 $R$ と $S$ を表す名前が $r$ と $s$ であるとき，$R$ と $S$ の和集合 $R \cup S$ の名前を $r|s$，$R$ と $S$ の連結演算の結果の集合 $RS$ の名前を $rs$，$R$ に Kleene スター演算を適用して得られる集合 $R^*$ の名前を $r*$ と定める．この名づけによって，個々の正規言語に固有の名前が割り当てられる．この正規言語を表す名前を正規表現と呼ぶ．さらに，正規言語の閉包性（定理 4.1）で示された集合演算も正規言語を構成する演算と見なすことができるので，これらの演算によって作られる集合にも名づけ規則を定義した拡張正規表現がよく用いられる．

個々の正規表現は文字列であり，正規表現全体の集合はそれ自身が 1 つの言語である．（拡張正規表現を含む）正規表現 $r$ が表す正規言語を $[\![r]\!]$ と書くことにする．$r$ と $[\![r]\!]$ の対応関係を表 4.1 に与える．この表ではさらに，正規表現を書き下すための記法も与えている．

プログラミング言語の語彙は正規表現によって定義される．実際に SML# コンパイラで使用されている `real` 型の定数の表記法の定義例を以下に示す．

```
num=[0-9]+;
frac="."{num};
exp=[eE](~?){num};
real=(~?)(({num}{frac}?{exp})|({num}{frac}{exp}?));
```

このように正規表現を参照する変数を用いて，階層的に種々の語彙を定義することができる．正規表現は，コンパイラの語彙の記述のみならず，エディタや検索ツールなど，文字列操作を行う種々のシステムで広く用いられている．

表 4.1　正規表現の定義と表記法

| 正規表現 $r$ | 意味する集合 $[\![r]\!]$ | 直感的意味 |
|---|---|---|
| $\phi$ | $\emptyset$ | 空集合 |
| $a$ | $\{a\}$ | 文字 $a$ |
| $r*$ | $[\![r]\!]^*$ | $r$ の 0 回以上の繰り返し |
| $rs$ | $[\![r]\!][\![s]\!]$ | $r$ に続けて $s$ |
| $r\|s$ | $[\![r]\!] \cup [\![s]\!]$ | $r$ または $s$ |
| $\epsilon$ | $\{\epsilon\}$ | 空文字列 |
| . | $\Sigma$ | 任意の 1 文字 |
| $[a_1 a_2 \cdots a_n]$ | $\{a_1, a_2, \ldots, a_n\}$ | $a_1$ から $a_n$ のどれか 1 文字 |
| $[a_1\text{-}a_n]$ | $\{a \mid a_1 \leq a \leq a_n\}$ | 連続する $a_1 \cdots a_n$ のどれか 1 文字 |
| $[\hat{}a_1\text{-}a_n]$ | $\Sigma \setminus \{a_1, \ldots, a_n\}$ | 連続する $a_1 \cdots a_n$ 以外の 1 文字 |
| $r+$ | $[\![r]\!]^+$ | $r$ の 1 回以上の繰り返し |
| $r?$ | $[\![r]\!] \cup \{\epsilon\}$ | 0 回または 1 回の $r$ |

| 表記法 | 役割 |
|---|---|
| name $= r$ | 名前の定義 |
| $(r)$ | 式を区別するための区切り |
| {name} | 定義 name $= r$ の参照 |

## 4.2　正規言語を認識する機械

正規言語が語彙の定義やその他の文字列処理ツールに利用される理由は，正規言語が，語彙の構造の定義のために十分な表現力を持っていることに加えて，その解析手法が確立していることによる．以下の定理が知られている．

**定理 4.2**　与えられた任意の正規表現に対して，その正規表現が意味する正規言語を認識する決定性有限状態オートマトン (DFA) を構築できる．

決定性有限状態オートマトンとは，状態遷移を行い文字列を認識する機械である．電気工学の分野で学ぶ順序回路と同じものであり，プログラムで簡単に実現することができる．

### 4.2.1　決定性有限状態オートマトンの定義とその受理言語

決定性有限状態オートマトン $D$ は，形式的には，

$$D = (Q, \Sigma, \delta, q_0, F)$$

の 5 つ組で定義される．ここで，$Q$ は状態の有限集合，$\Sigma$ は入力文字集合，$\delta$ は状態遷移関数，$q_0 \in Q$ は初期状態，$F \subseteq Q$ は受理状態の集合である．$D$ の動作は状態遷移関数 $\delta$ によって与えられる．この関数は，状態と入力記号の組 $(q, a)$ を受け取り状態を返す $Q \times \Sigma \rightarrow Q$ の型の関数である．

この機械は，与えられた入力文字列 $w$ を先頭から 1 文字ずつ読み，$\delta$ が定める状態遷移を繰り返し，入力をすべて読み込んだときの状態が受理状態であれば $w$ を受理する．この関係を定義するために，関数 $\delta$ の文字列の集合 $\Sigma^*$ 上への拡張 $\hat{\delta}$ を以下のように定義する．

$$\begin{aligned} \hat{\delta}(q, \epsilon) &= q \\ \hat{\delta}(q, wa) &= \delta(\hat{\delta}(q, w), a) \end{aligned}$$

ここで $wa$ は，文字列 $w$ と 1 文字 $a$ との連結を表す．このように文字と 1 文字からなる文字列は同一視する．この $\hat{\delta}$ を用いて，$D$ が受理する言語（文字列の集合）$L(D)$ を以下のように定義する．

$$L(D) = \{w \mid \hat{\delta}(q_0, w) \in F\}$$

定理 4.2 は，任意の正規表現 $r$ に対して，正規言語 $[\![r]\!]$ を認識する決定性有限状態オートマトンを構築するアルゴリズムを与えていることによって証明される．この定理の証明は，通常，非決定性有限状態オートマトン (NFA) を定義し，この機械を使い以下の 2 段階で行われる．

1. 正規言語 $r$ を受理する NFA $N_r$ を構築する．
2. $N_r$ を DFA $D_r$ に変換する．

ここで導入される非決定性有限状態オートマトンは，同一の入力に対して複数の遷移を同時に実行することができる仮想的な機械である．もし現実の世界で，この非決定性の実行能力があれば，人生の岐路に立った場合，すべての可能性を同時に実行することによって，一つでも成功する可能性があれば，必ず成功を掴むことができる．非決定性機械は，このような強力な能力を持つ仮想的な機械である．与えられた正規表現から，その正規言語を受理する決定性有限状態オートマトンを構築するアルゴリズムを定義するのは容易ではないが，構築の対象が強力な力を持つ非決定性有限状態オートマトンなら，そのようなアルゴリズムを系統的に定義することができる．もちろん，非決定性機械を直接実現することはできない．しかしながら，有限状態オートマトンという能力の限られた機械の場合，この非決定性機械の能力は，十分に多くの状態を使うことによって，決定性機械で実現することができる．

### 4.2.2　NFA の定義と DFA への変換

非決定性有限状態オートマトン (NFA) $N$ は，

$$N = (Q, \Sigma, \delta, q_0, F)$$

の 5 つ組で定義され．ここで，$Q$，$\Sigma$，$\delta$，$F$ は，決定性有限状態オートマトンと同様，それぞれ，状態の有限集合，入力文字集合，初期状態，受理状態の集合である．状態遷移関数 $\delta$ は，状態と入力文字の組 $(q, a)$ または状態と空文字列の組 $(q, \epsilon)$ を受け取り，状態の集合を返す $Q \times (\Sigma \cup \{\epsilon\}) \to \mathcal{P}(Q)$ の型の集合である．この遷移関数は，決定性有限状態オートマトンに比べ，以下の柔軟性がある．

- 同じ入力シンボルに対して複数の状態への遷移がある．
- 入力を消費せずに別の状態へ遷移できる．この遷移を $\epsilon$ 遷移と呼ぶ．

非決定性有限状態オートマトンは，この柔軟な遷移によって到達できる状態が一つでも受理状態 $F$ に入っていれば，その入力を受理する．

この受理関係を定義するために，$\epsilon$ 到達関係 $p \stackrel{\epsilon}{\longrightarrow} q$ を以下のように定義する．

$$p \xrightarrow{\epsilon} p \qquad \frac{q \in \delta(p,\epsilon)}{p \xrightarrow{\epsilon} q} \qquad \frac{p \xrightarrow{\epsilon} q \quad q \xrightarrow{\epsilon} r}{p \xrightarrow{\epsilon} r}$$

ここで用いられている2番目と3番目の横線を引いた表記法は，上の関係が（すべて）成り立てば下の関係が成り立つことを表す推論規則である．$p \xrightarrow{\epsilon} q$ は，状態 $p$ から $q$ へ $\delta$ 関数の $\epsilon$ 遷移を0回以上使って到達できることを表す関係である．この関係を使い状態集合 $P$ の $\epsilon$ クロージャ$Cl(P)$ を

$$Cl(P) = \{q \mid p \in P, p \xrightarrow{\epsilon} q\}$$

と定義する．次に，遷移関数 $\delta$ を文字列 $\Sigma^*$ へ以下のように拡張する．

$$\begin{aligned} \hat{\delta}(p,\epsilon) &= Cl(\{p\}) \\ \hat{\delta}(p,wa) &= Cl(\bigcup\{\delta(q,a) \mid q \in \hat{\delta}(p,w)\}) \end{aligned}$$

この拡張された $\hat{\delta}$ を使い，$N$ が認識する言語 $L(N)$ を以下のように定義する．

$$L(N) = \{w \mid \hat{\delta}(q_0,w) \cap F \neq \emptyset\}$$

定理4.2の証明に必要なNFAをDFAに変換するアルゴリズムを定義するために，$\mathcal{P}(Q) \times \Sigma$ から $\mathcal{P}(Q)$ への関数 $\delta_D$ を

$$\delta_D(P,a) = \bigcup\{\hat{\delta}(p,a) \mid p \in P\}$$

と定義し，与えられた $N = (Q,\Sigma,\delta,q_0,F)$ に対して $D_N$ を

$$D_N = (\mathcal{P}(Q), \Sigma, \delta_D, Cl(\{q_0\}), \{P \mid P \in \mathcal{P}(Q), P \cap F \neq \emptyset)\})$$

と定義する．この $D_N$ は決定性有限状態オートマトンであり，しかもその構成方法から $L(D_N) = L(N)$ である．

この構築法では，非決定性有限状態オートマトン $N$ に対して構成される決定性有限状態オートマトン $D_N$ の状態は $\mathcal{P}(Q)$ となる．しかしながら，一般に，$\mathcal{P}(Q)$ の状態の中には，$Cl(\{q_o\})$ から $\delta_D$ で到達できない集合が多数存在する．これらの状態をすべて消去しても受理する言語に変化はない．与えら

れた NFA $N$ に対して $Cl(\{q_o\})$ から $\delta_D$ で到達できる状態を順次作っていけば，不要な状態を含まない $D_N$ を構築することができる．これがサブセット構成法として知られるより効率のよい $D_N$ の構成方法である．図 4.1 にアルゴリズムを与える．本書では，アルゴリズムを，このように，ML 流の関数として記述する．このアルゴリズムの subsets が，サブセット構成を行うメイン関数である．この関数の引数 $(\mathcal{Q}_1, \mathcal{Q}_2, \Delta)$ の意図は，$\mathcal{Q}_1$ がまだ遷移を設定していない状態（$\mathcal{P}(Q)$ の要素）の集合，$\mathcal{Q}_2$ がすでに遷移を設定済みの状態の集合，$\Delta$ は $\mathcal{P}(Q) \times \mathcal{P}(\Sigma \times \mathcal{P}(Q))$ の部分集合で表された状態遷移関数の表現ということである．このアルゴリズムは，$(\{Cl(q_o)\}, \emptyset, \emptyset)$ から始め，$\mathcal{Q}_1$ の要素を順に取り出し，状態遷移を設定し，設定が終わったらその要素を $\mathcal{Q}_2$ に移動することを繰り返す．状態遷移の設定を行う addS で $\delta_D$ がこれまでに作られていない新しい状態を返せば，その状態を $\mathcal{Q}_1$ に追加する．

### 4.2.3　正規表現に対応する NFA の構築

定理 4.2 の証明を完成させるには，任意の正規表現 $r$ に対して，NFA $N_r$ を構築し $[\![r]\!] = L(N_r)$ を示せばよい．ここでは，構築を容易にするため，各 $r$ について，受理状態を一つだけ持つ $N_r$ を構築することにする．また $\delta$ を，結果が空集合の場合を省略し，$Q \times \mathcal{P}((\Sigma \cup \{\epsilon\}) \times \mathcal{P}(Q))$ の要素の集合で表現する．$\delta$ の表現が要素 $(p, \{\ldots, (a, Q), \ldots\})$ を含めば，$\delta(p, a) = Q$ である．$N_r$ を，$r$ に関して帰納的に，以下のように構築する．

- $r = \phi$ の場合：$N_r = (\{p, q\}, \Sigma, \emptyset, p, \{q\})$ とする．$L(N_r) = \emptyset = [\![\phi]\!]$ である．
- $r = a$ の場合：$N_r = (\{p, q\}, \Sigma, \{(p, \{(a, \{q\})\})\}, p, \{q\})$ とする．$L(N_r) = \{a\} = [\![a]\!]$ である．
- $r = r_1 r_2$ の場合：帰納法の仮定より，$[\![r_1]\!]$ と $[\![r_2]\!]$ を受理する NFA $N_1 = (Q_1, \Sigma, \delta_1, p_1, \{q_1\})$ と $N_2 = (Q_2, \Sigma, \delta_2, p_2, \{q_2\})$ が構築できる．$Q_1 \cap Q_2 = \emptyset$ と仮定して一般性を失わない．$p, q$ を $Q_1 \cup Q_2$ に含まれ

**アルゴリズム 4.1 （サブセット構成）**　$N = (Q, \Sigma, \delta, q_0, F)$ を与えられた NFA とし，$\Sigma = \{s_1, \ldots, s_n\}$ とする．以下のメタ変数を用いる．

| メタ変数 | メタ変数が動く集合 | 説明 |
| --- | --- | --- |
| $A$ | $\mathcal{P}(Q)$ | 作成する DFA の状態 |
| $\mathcal{Q}$ | $\mathcal{P}(\mathcal{P}(Q))$ | 作成する DFA の状態の集合 |
| $\Omega$ | $\mathcal{P}(\Sigma \times \mathcal{P}(Q))$ | 入力に対する遷移の表現 |
| $\Delta$ | $\mathcal{P}(\mathcal{P}(Q) \times \mathcal{P}(\Sigma \times \mathcal{P}(Q)))$ | 状態遷移関数の表現 |

$$
\begin{aligned}
&\text{addS } (A, s)\ (\mathcal{Q}_1, \mathcal{Q}_2, \Omega) = \\
&\quad \text{let } A' = \delta_D(A, s) \\
&\qquad \mathcal{Q}_1' = \text{if } A' \in (\{A\} \cup \mathcal{Q}_1 \cup \mathcal{Q}_2) \text{ then } \mathcal{Q}_1 \\
&\qquad\qquad\quad \text{else } \{A'\} \cup \mathcal{Q}_1 \\
&\quad \text{in } (\mathcal{Q}_1', \{(s, A')\} \cup \Omega) \text{ end}
\end{aligned}
$$

$$
\begin{aligned}
&\text{addQ } A\ (\mathcal{Q}_1, \mathcal{Q}_2, \Delta) = \\
&\quad \text{let } (\mathcal{Q}_1^1, \Omega^1) = \text{addS } (A, s_1)\ (\mathcal{Q}_1, \mathcal{Q}_2, \emptyset) \\
&\qquad (\mathcal{Q}_1^2, \Omega^2) = \text{addS } (A, s_2)\ (\mathcal{Q}_1^1, \mathcal{Q}_2, \Omega^1) \\
&\qquad\qquad\quad \cdots \\
&\qquad (\mathcal{Q}_1^n, \Omega^n) = \text{addS } (A, s_n)\ (\mathcal{Q}_1^{n-1}, \mathcal{Q}_2, \Omega^{n-1}) \\
&\quad \text{in } (\mathcal{Q}_1^n,\ \{A\} \cup \mathcal{Q}_2,\ \{(A, \Omega^n)\} \cup \Delta) \text{ end}
\end{aligned}
$$

$$
\begin{aligned}
&\text{subsets } (\emptyset, \mathcal{Q}_2, \Delta) = (\mathcal{Q}_2, \Delta) \\
&\text{subsets } (\{A\} \uplus \mathcal{Q}_1,\ \mathcal{Q}_2, \Delta) = \text{subsets } (\text{addQ } A\ (\mathcal{Q}_1, \mathcal{Q}_2, \Delta))
\end{aligned}
$$

$$
\begin{aligned}
&\text{toDFA } (Q, \Sigma, \delta, q_0, F) = \\
&\quad \text{let } A = Cl(\{q_0\}) \\
&\qquad (\mathcal{Q}, \Delta) = \text{subsets } (\{A\}, \emptyset, \emptyset) \\
&\qquad \mathcal{F} = \{A' \mid A' \in \mathcal{Q},\ A' \cap F \neq \emptyset\} \\
&\quad \text{in } (\mathcal{Q}, \Sigma, \Delta, A, \mathcal{F}) \text{ end}
\end{aligned}
$$

注：subsets での $\{A\} \uplus Q_1$ は，集合から要素 $A$ を取り出し残りを $Q_1$ とする操作を表す．

図 4.1　NFA のサブセット構成アルゴリズム

ない状態とし，

$$\begin{aligned}N_{r_1r_2} = (&Q_1 \cup Q_2 \cup \{p, q\},\ \Sigma,\\ &\delta_1 \cup \delta_2 \cup \{(p, \{(\epsilon, \{p_1\})\}), (q_1, \{(\epsilon, \{p_2\})\}), (q_2, \{(\epsilon, \{q\})\})\},\\ &p, \{q\})\end{aligned}$$

とする．$L(N_{r_1r_2}) = L(N_{r_1})L(N_{r_2}) = [\![r_1]\!][\![r_2]\!] = [\![r_1r_2]\!]$ である．

- $r = r_1|r_2$ の場合：帰納法の仮定より，$[\![r_1]\!]$ と $[\![r_2]\!]$ を受理する NFA $N_1 = (Q_1, \Sigma, \delta_1, p_1, \{q_1\})$ と $N_2 = (Q_2, \Sigma, \delta_2, p_2, \{q_2\})$ が構築できる．$Q_1 \cap Q_2 = \emptyset$ と仮定して一般性を失わない．$p, q$ を $Q_1 \cup Q_2$ に含まれない状態とし，

$$\begin{aligned}N_{r_1|r_2} = (&Q_1 \cup Q_2 \cup \{p, q\},\ \Sigma,\\ &\delta_1 \cup \delta_2 \cup \{(p, \{(\epsilon, \{p_1, p_2\})\}), (q_1, \{(\epsilon, \{q\})\}), (q_2, \{(\epsilon, \{q\})\})\},\\ &p, \{q\})\end{aligned}$$

とする．$L(N_{r_1|r_2}) = L(N_{r_1}) \cup L(N_{r_2}) = [\![r_1]\!] \cup [\![r_2]\!] = [\![r_1|r_2]\!]$ である．

- $r = r_1*$ の場合：帰納法の仮定より，$[\![r_1]\!]$ を受理する NFA $N_1 = (Q_1, \Sigma, \delta_1, p_1, \{q_1\})$ が構築できる．$p, q$ を $Q_1$ に含まれない状態とし，

$$\begin{aligned}N_{r_1*} = (&Q_1 \cup \{p, q\},\ \Sigma,\\ &\delta_1 \cup \{(p, \{(\epsilon, \{p_1, q\})\}), (q_1, \{(\epsilon, \{p_1, q\})\})\},\\ &p, \{q\})\end{aligned}$$

と定義する．この構成から，$L(N_{r_1*}) = (L(N_{r_1}))^* = [\![r_1]\!]^*$ である．

## 4.3 Lexによる字句解析処理の自動生成

4.2節で定理4.2の詳細な証明が完成した．この証明のすべての段階は，構成的なもの，すなわち，その結果を実現するアルゴリズムが具体的に示されている．このことは，正規言語を正規表現で文字列として定義しさえすれば，その正規言語を受理するDFAを自動的に構築することができることを意味

する．この結果から，語彙を認識するプログラムを自動生成するツール lex が実用化されている．

lex は 1975 年に Bell 研究所で開発された C 言語を対象とするシステムであったが，その後多くのプログラミング言語に移植され，今日にまで広く使用されている．Standard ML of New Jersery チームによって Standard ML にも移植され，smllex として SML# でも提供されている．その使用手順の概要は以下の通りである．

1. 語彙の定義を正規表現で記述したファイル（ここでは `CoreML.lex` とする）を用意する．
2. lex を `CoreML.lex` に適用し，語彙を解析するプログラムソースファイル `CoreML.lex.sml` を生成する．
3. `CoreML.lex.sml` で定義された字句解析関数を，字句解析を必要とするプログラムから呼び出して使用する．

以下，smllex を用いた字句解析処理の実装方法を学ぶ．

### 4.3.1　smllex の入力ファイルの構造

smllex は，lex の伝統を継承し，以下の形式のファイルを入力として，字句解析処理プログラムを自動生成する．

```
CoreML.lex
┌────────────────────┐
│ユーザ定義セクション│
└────────────────────┘
%%
┌──────────────────┐
│補助定義セクション│
└──────────────────┘
%%
┌──────────────────────┐
│正規表現定義セクション│
└──────────────────────┘
```

"%%" で区切られた 3 つのセクションには，それぞれ以下の内容を記述する．

- ユーザ定義セクション

  正規表現定義セクションで使用する関数や定数などの定義を ML で記述する．さらに，lex システムとのインターフェイスのため，字句解析処理が返す値の型 lexresult とファイル終了文字 (EOF) のときに値を返す関数 eof を定義する．CoreML.lex の定義例を以下に示す．

```
type lexresult = Token.token
val eof = fn () => Token.EOF
fun atoi s = valOf (Int.fromString s)
```

Token は字句解析処理が返す語彙を表現するデータ型 token を定義するモジュールである．この型のデータ構成子は，正規表現の定義セクションで参照される．このモジュールの定義は，4.3.2 項で与える．

- 補助定義セクション

```
name = 正規表現 ;
```

の形の補助定義を記述する．さらに smllex では，生成する structure の名前を以下のように指定する．

```
%structure CoreMLLex
```

定義例を以下に示す．

```
%structure CoreMLLex
alpha = [A-Za-z];
digit = [0-9];
id    = {alpha}({alpha}|{digit})*;
num   = {digit}+;
frac  = "."{num};
exp   = [eE](~?){num};
real  = (~?)(({num}{frac}?{exp})|({num}{frac}{exp}?));
ws    = "\ " | "\t" | "\r\n" | "\n" | "\r";
```

- 正規表現定義セクション

受理すべき正規言語を正規表現で定義し，さらに，その正規言語が受理されたときのアクションを，括弧で囲まれた ML の式として記述する．CoreML.lex の定義例の一部を以下に示す．

```
\"[^"]*\" => (Token.STRING
                (String.substring
                   (yytext,1,String.size yytext - 2)));
"_"        => (Token.UNDERBAR);
{id}       => (Token.ID yytext);
{real}     => (Token.REAL yytext);
{ws}       => (lex());
.          => (Token.SPECIAL yytext);
```

それぞれの正規表現定義のアクションでは，その正規言語が受理されたときに返す語彙を Token モジュールの token 型のデータ構成子を使って生成している．これらの正規表現の定義は，上に書かれているものがより優先度が高い．入力が複数の正規表現にマッチする場合，その中の一番上の定義が採用される．最初のエントリーは string 型の定数の定義である．このアクションで使用されている yytext は，受理した文字列が束縛されている変数である．このアクションは，String.substring を使い最初と最後の "\"" 文字を取り除いた文字列を取り出している．ws に対するアクション lex() は字句解析処理の再帰的な呼び出しであり，それらの文字列を読み飛ばすことを表す．

これら 3 つのセクション内容を，CoreML.lex ファイルのそれぞれの位置に埋め込めば，lex の入力ファイルが完成する．CoreML 言語に必要な種々の語彙が省略されているが，処理可能な smllex の入力ファイル例である．

### 4.3.2　smllex の使用例

smllex コマンドを lex の定義ファイル CoreML.lex に適用すれば，正規表現の定義に従い字句解析処理を行う CoreMLLex ストラクチャを含むソースファイル CoreML.lex.sml が生成される．生成されたモジュールのインター

フェイス は，以下の通りである．

CoreML.lex.smi
```
_require "basis.smi"
_require "./Token.smi"
structure CoreMLLex =
struct
  val makeLexer : (int -> string) -> unit -> Token.token
end
```

makeLexer 関数を，サイズ $n$ を受け取り $n$ 以下の長さの入力文字列を返す関数に適用すると，字句解析関数が返される．この字句解析関数を () に適用することによって呼び出すと，makeLexer に与えられた関数を使って文字を読み込み，認識した Token.token 型の語彙が返される．

Token.smi では，字句解析関数が返す値を定義する．以下にその例を示す．

Token.smi
```
_require "basis.smi"
structure Token =
struct
  datatype token
  = EOF | UNDERBAR | ID of string | STRING of string
  | REAL of string | SPECIAL of string
  val toString : token -> string
end
```

CoreML.lex にキーワードや int 型の定数定義を追加すると，対応するコンストラクタを追加する必要があるが，上記の例では，これで十分である．

## 4.4 字句解析のみを行う CoreML 処理系

本節では，3.2 節で作成した文字列の認識とプリントのみを行うシステムを改良し，字句解析処理のみを行う CoreML 処理系を実装する．システムは，readstring ディレクトリを lex ディレクトリに置き換えた以下の構造とする．

| ディレクトリ | モジュール | 機能 |
| --- | --- | --- |
| main | Top | トップレベルの処理 |
| | Main | コマンド文字列解析，プログラム起動 |
| lex | CoreMLLex | 字句解析処理 |
| | Token | 字句データ構造 |
| | Lexer | 字句解析呼び出し |

lex ディレクトリの Lexer モジュールは，4.3.2 項で生成した CoreML.lex.sml の makeLexer を呼び出すモジュールである．Top モジュールから直接呼び出すことも可能であるが，lex のインターフェイスを隠蔽した以下のインターフェイスを持つ新たなモジュールを作ることにする．

Lexer.smi

```
_require "basis.smi"
_require "./Token.smi"
_require "./CoreML.lex.smi"
structure Lexer =
struct
 exception EOF
 val makeLexer : TextIO.instream -> unit -> Token.token
end
```

このモジュールの実装例を以下に示す．

Lexer.sml

```
structure Lexer =
struct
 exception EOF
 fun makeLexer inStream =
   let val lexer =
```

```
        CoreMLLex.makeLexer
        (fn n => case TextIO.input1 inStream of
                     SOME c => str c | NONE => "")
  in fn () => let val token = lexer ()
              in if token = Token.EOF then raise EOF
                 else token
              end
  end
end
```

このファイルを，4.3.2 項で開発した Token.sml，Token.smi，CoreML.lex，CoreML.lex.smi とともに lex ディレクトリに置けば，字句解析処理は完成である．

3.2 節で作成したシステムのメイン関数は，文字列の読み込みとプリントを繰り返す readAndPrintLoop である．この関数を，字句解析を行い認識した字句をプリントする関数に変更すれば，字句完成のみを行う CoreML 処理系が得られる．そのために Top.smi と Top.sml を以下のように変更する．

Top.smi

```
_require "basis.smi"
_require "../lex/Token.smi"
_require "../lex/Lexer.smi"
structure Top =
struct
  val top : string -> unit
end
```

Top.sml

```
structure Top =
struct
  fun readAndPrintLoop lexer =
```

```
    let
      val token = lexer()
      val _ = print (Token.toString token ^ "\n")
    in
      readAndPrintLoop lexer
    end
  fun top file =
    let
      val inStream = TextIO.openIn file
      val lexer = Lexer.makeLexer inStream
    in
       readAndPrintLoop lexer;
       TextIO.closeIn inStream
    end
    handle Lexer.EOF => ()
end
```

Top が提供する関数と型は変更がないので，このモジュールを利用する Main.sml と Main.smi は以前のままでよい．smllex を lex/CoreML.lex に適用し lex/CoreML.lex.sml を作成したあと，SML# の機能を使って Makefile を作成し，make を実行し，コマンドを作ることができる．以下に実行例を示す．

```
$ ./Main Main.smi
UNDERBAR
ID require
STRING "basis.smi"
UNDERBAR
ID require
STRING "./Top.smi"
```

## 4.5 練習問題

**問 4.1** DFA と NFA を表現する型を

```
type S = string
type Q = int
type delta = (Q * (S * Q list) list) list
type NFA = {Q:Q list, S:S list, delta:delta, q0:Q,
            F:Q list}
type state = Q list
type Delta = (state * (S * state) list) list
type DFA = {Q:state list, S:S list, Delta:Delta,
            Q0:state, F:state list}
```

と定義し，図 4.1 で定義した NFA を DFA に変換するアルゴリズム 4.1 を実装し，結果を確認せよ．

**問 4.2** 4.4 節で作成した字句解析処理に以下の字句を加えよ．

- int 型の定数
- 以下のキーワード

  ```
  andalso and as case do end exception fn fun handle if in
  infix infixr nonfix let local of op open orelse raise rec
  then use val while
  ```
- 以下のシンボル

  ```
  , . ... : ; = => [ ] _ |
  ```

**問 4.3** 問 4.2 の拡張に，さらに，問 3.3 で行った拡張を加え，システムを make し直し，結果を確認せよ．以下のような動作をするはずである．

```
$ ./Main
val x = 1;
VAL
```

```
ID x
EQ
INT 1
SEMICOLON
```

# 第5章

# 構文解析

字句解析が終了すると，言語は，文字列ではなく語彙（字句）の列として取り扱うことができる．言語の文は，字句の列が特定の決まりによって構成される構文構造を持つ．構文解析の役割は，この構文構造を定義し定義に基づく解析アルゴリズムを構築することである．構文構造の定義の枠組みは，自然言語にならい,「文法」と呼ばれる．構文解析の第一歩は，十分に強力でかつ解析が可能な文法を定義することである．この点から，プログラミング言語の構文構造の定義には，文脈自由文法が広く用いられている．文脈自由文法は，各構文の構造が，その構文が現れる前後の文脈に依存しない規則で与えられる文法である．自然言語と同様，プログラミング言語にも文脈依存の制約が含まれるが，この側面は，型システムとして分離する戦略をとる．本章では，文脈自由文法の考え方を理解し，その定義と解析方法を学ぶ．

## 5.1 本章の内容と目的

コンパイラの研究開発の歴史の中で，数多くの構文解析法が提案されてきた．それらの中で，今日のプログラミング言語コンパイラで広く用いられている最も優れたものは，Knuth によって論文 [12] で提案された LR 構文解析法である．その基礎をなすアイデアは,「正規言語の解析手法を繰り返し使い,文脈自由文法の幅広いクラスを解析する」という（多くの優れたアイデアがそうであるように）単純なものである．Kunth は，この直感的で単純なアイデアを基礎とした緻密な理論構築と，それに続く巧みな工学的洗練によって，構文解析のブレークスルーを達成した．このアイデアと原理を理解するならば，従来難解と受け止められている構文解析表の構成方法やオートマトンを使ったアルゴリズムの動作なども，見通しよく理解できるはずである．さらに，この優れたアイデアに基づく緻密な構文解析手法の構築は，情報処理における問題解決の典型であり，その過程を追体験することは，情報科学や情報技術の研究開発にとっての貴重な糧となるはずである．

しかし残念ながら，従来の LR 構文解析の解説では，構文解析表の構築方法は詳しく扱われているものの，その基になったアイデアと原理がわかりにくい構成になっているように思われる．そこで，本章では，文脈自由文法の考え方およびその解析の枠組みから始め，LR 構文解析のアイデアと原理，さらに LR 構文解析アルゴリズムに含まれる巧みな実用化戦略の理解を目指す．この目的のために，LR 構文解析以外の種々の手法の網羅的解説や LR 構文解析の種々の改良方法などは割愛することとする．なお，本章の内容は，筆者による解説論文 [17] を拡張したものである（巻末の参考文献 [17] の説明参照）．

## 5.2　文脈自由文法による構文構造の定義

文脈自由文法は，Chomsky による，大きな影響を及ぼした論文 [10] で提唱された生成文法の考え方を基礎とする．Chomsky は，文法を，正しい句構造を持つ文の集合を演繹的に生成する機構と捉え，この考え方を基礎とし，幅広い言語クラスを包含する体系を構築した．このパラダイムの下では，構文論的な概念（例えば「名詞句」など）は，「名詞句の前に形容詞句を付加したものも名詞句である」といったような（一般に再帰的な）構造を生成する機能と理解される．この生成文法の考え方は計算機科学におけるシンボルを使った計算の表現によく整合しており，プログラミング言語の構造の定義に幅広く取り入れられている．

文脈自由文法は，計算機科学の形式言語理論に数多くの洞察を与えた論文

[11] の中で示された言語階層の中で 2 番目に簡単な体系であり，通常，以下の 4 つ組として定義される．

$$G = (N, T, P, S)$$

$N$ と $T$ はそれぞれ非終端記号および終端記号の有限集合である．非終端記号は，自然言語でいえば,「名詞句」などの文法概念に対応する．終端記号は言語に現れる語彙である．$P$ は $A \longrightarrow \alpha$ の形の生成規則の有限集合である．ここで $A \in N$，$\alpha \in (N \cup T)^*$ である．Chomsky の生成文法の考え方の基本は，各文法概念はその構文構造を生成する機能である，というものである．生成規則集合 $P$ は，この機能を表現している．例えば，$\langle Np \rangle$ と $\langle Adj \rangle$ がそれぞれ名詞句と形容詞句を表すとすると,「名詞句の前に形容詞句を付加したものも名詞句である」という再帰的な生成機能は，以下の生成規則で表現できる．

$$\langle Np \rangle \longrightarrow \langle Adj \rangle \ \langle Np \rangle$$

$S \in N$ は開始記号と呼ばれる非終端記号であり，最上位の文法概念を表す．以降もこの例のように，直感的なわかりやすさを考慮して，自然言語を用いて導出の性質を示すが，プログラミング言語の場合も同様である．

文法 $G$ は，開始記号 $S$ が生成する文の集合を定義する．終端記号と非終端記号の混在した記号列 $\alpha$ の中の任意の 1 つの非終端記号 $A$ を，$A$ を左辺とする任意の 1 つの規則 $A \rightarrow \gamma$ の右辺 $\gamma$ で置き換えると記号列 $\beta$ が得られるとき，$\alpha$ は $\beta$ を生成する，あるいは導出するといい，$\alpha \Longrightarrow \beta$ と書く．この導出は，$(N \cup T)^*$ 上の 2 項関係を定める．関係 $\Longrightarrow$ の反射的推移的閉包（つまり $\Longrightarrow$ を 0 回以上繰り返す関係）を $\stackrel{*}{\Longrightarrow}$ と書く．$\alpha \stackrel{*}{\Longrightarrow} \beta$ なら，$\alpha$ から始め，上記の書き換えを 0 回以上行って $\beta$ が得られることを意味する．$w$ を終端記号のみからなる文字列を表すメタ変数とする．文法は正しい文を生成する機能であるという生成文法のパラダイムに従い，$G$ が定める言語を

$$L(G) = \{w | S \stackrel{*}{\Longrightarrow} w\}$$

と定義する．本章の説明や定義では，メタ変数 $A, B, \ldots \in N$，$a, b, \ldots \in T$，$w, x, \ldots \in T^*$，$\alpha, \beta, \ldots \in (N \cup T)^*$ を用いる．さらに，$w \in T^*$ を文字列，$\alpha \in (N \cup T)^*$ を記号列と呼ぶことにする．

## 5.3 構文解析問題

文脈自由文法の構文解析問題は，与えられた文字列 $w$ が文脈自由文法 $G$ が定める文であるか否かを判定し，もし文法が定める文なら，その構造を決定する問題である．生成文法のパラダイムでは，最上位文法概念 $S$ から文 $w$ の導出 $S \overset{*}{\Longrightarrow} w$，すなわち

$$S \Longrightarrow \alpha_1 \Longrightarrow \cdots \Longrightarrow \alpha_n \Longrightarrow w$$

の形の記号列の書き換えの系列が，文 $w$ の文法構造を表現している．したがって，構文解析問題は，$S$ から $w$ に至る導出の系列を見つけ出すことによって解決できる．

$S$ から文 $w$ が導出可能であれば，導出 $S \overset{*}{\Longrightarrow} w$，すなわち上記の形の書き換えの系列は，一般に複数存在する．さらに文法の定義によっては，それらの中で，本質的に構造が違う系列が存在する場合もある．例えば集合 $P$ が規則

$$\langle Adj \rangle \rightarrow \langle Np \rangle \text{ の}$$

を含むとすると，文字列「青い夏の夕暮れ」には，

$$\begin{aligned} \langle Np \rangle &\Longrightarrow \langle Adj \rangle \langle Np \rangle \Longrightarrow \text{青い} \langle Np \rangle \Longrightarrow \text{青い} \langle Adj \rangle \langle Np \rangle \\ &\Longrightarrow \text{青い} \langle Np \rangle \text{ の } \langle Np \rangle \Longrightarrow \text{青い夏の} \langle Np \rangle \Longrightarrow \text{青い夏の夕暮れ} \\ \langle Np \rangle &\Longrightarrow \langle Adj \rangle \langle Np \rangle \Longrightarrow \langle Np \rangle \text{ の } \langle Np \rangle \Longrightarrow \langle Adj \rangle \langle Np \rangle \text{ の } \langle Np \rangle \\ &\Longrightarrow \text{青い} \langle Np \rangle \text{ の } \langle Np \rangle \Longrightarrow \text{青い夏の} \langle Np \rangle \Longrightarrow \text{青い夏の夕暮れ} \end{aligned}$$

の2つを含む複数の導出がある．この2つの導出は，この文字列が持ちうる2つの意味の異なる構文構造を反映している[1]．構文構造が異なる導出の存在は，文法そのものが，同一の文字列に対して複数の解釈を許すことを意味する．このような文法を曖昧であるという．本書では文法の曖昧性は取り扱わず，以下本章では，文法は曖昧でないと仮定する．ただし，5.5節および5.6節の結果は，文法が曖昧であるか否かにかかわらず成立する．

[1] 興味ある読者のための蛇足：この例は，粟津則雄氏による仏語の詩の翻訳の断片である．「青い」が「夕暮れ」にかかる最初のものが原文の意味に対応する構造である．

文法が曖昧さを持たなくても，与えられた文字列に対して複数の導出の系列が存在する．例えば「夏 の 夕暮れ」に対して，

$$\langle Np \rangle \Longrightarrow \langle Adj \rangle \langle Np \rangle \Longrightarrow \langle Np \rangle \text{の} \langle Np \rangle \Longrightarrow \text{夏の} \langle Np \rangle \Longrightarrow \text{夏の夕暮れ}$$

$$\langle Np \rangle \Longrightarrow \langle Adj \rangle \langle Np \rangle \Longrightarrow \langle Np \rangle \text{の} \langle Np \rangle \Longrightarrow \langle Np \rangle \text{の夕暮れ} \Longrightarrow \text{夏の夕暮れ}$$

$$\langle Np \rangle \Longrightarrow \langle Adj \rangle \langle Np \rangle \Longrightarrow \langle Adj \rangle \text{夕暮れ} \Longrightarrow \langle Np \rangle \text{の夕暮れ} \Longrightarrow \text{夏の夕暮れ}$$

の 3 通りの導出が存在する．しかしながら，これら 3 つの導出は，途中に現れる記号列の中に含まれる複数の非終端記号を書き換える順序が異なるだけで，同一の構文構造を表現している．この例は，構文解析の結果が，導出における非終端記号の書き換えの順序に依存しないことを示している．以上から，構文解析問題は，与えられた文字列 $w$ に対して，$S$ から $w$ に至る導出系列のどれか一つを探し出す方法を構築すれば解決できることがわかる．

本章の以降の説明において，以下の簡単な文法を具体例として使用する．

$$G_{PAREN} = (\{\mathtt{S}, \mathtt{A}\}, \{\mathtt{<}, \mathtt{>}\}, P, \mathtt{S})$$
$$P = \{\mathtt{S} \longrightarrow \mathtt{AA}, \mathtt{A} \longrightarrow \mathtt{<>}, \mathtt{A} \longrightarrow \mathtt{<A>}\}$$

$L(G_{PAREN})$ の要素は，$\mathtt{<<>><>}$ のような左右の括弧が対応する山括弧の 2 つの並びである．なお $L(G_{PAREN})$ は正規言語ではないため，オートマトンでは受理できない．

## 5.4　最右導出の再構築

導出関係 $\alpha \Longrightarrow \beta$ の逆関係を $\beta \Longleftarrow \alpha$ と書き，$\beta$ が $\alpha$ に還元されると呼ぶ．定義より，ある規則 $A \longrightarrow \alpha_0$ があって，$\alpha = \alpha_1 A \alpha_2$ かつ $\beta = \alpha_1 \alpha_0 \alpha_2$ の形である．このとき置き換えられる $\alpha_0$ を還元記号列と呼ぶことにする．LR 構文解析法は，$S$ から $w$ への導出を，$w$ から $S$ に至る

$$w \Longleftarrow \alpha_1 \Longleftarrow \cdots \Longleftarrow \alpha_n \Longleftarrow S$$

の形の還元系列として再構築することを試みる構文解析手法である．

構文解析は，一般に，与えられた文字列 $w$ を先頭から順に読み進めていく処理である．人間が文書を理解するときと同様，先頭から1回読むことによって完了できることが望ましい．$w$ はプログラム全体を表す長い文字列であることに注意すると，文字列を左から右に1回読むことによって解析を完了するという性質は，還元系列が以下のような形をしていることに対応する．

$$
\begin{aligned}
w_1 w_2 \cdots w_n &\Longleftarrow w_1' A_1 w_2 w_3 \cdots w_n \\
&\Longleftarrow \beta_2 A_2 w_3 \cdots w_n \\
&\Longleftarrow \cdots \\
&\Longleftarrow \beta_{n-1} A_{n-1} w_n \\
&\Longleftarrow S
\end{aligned}
$$

$w_i$ は $i$ 番目の還元ステップで新たに読み込まれる文字列である．例えば文字列 $w = \texttt{<<>><<>>}$ に対しては，以下のような還元列となる．

$$
\begin{aligned}
\underline{\texttt{<<>}}_{w_1}\underline{\texttt{>}}_{w_2}\underline{\texttt{<<>}}_{w_3}\underline{\texttt{>}}_{w_4} &\Longleftarrow \texttt{<}\underline{\texttt{A}}_{A_1}\underline{\texttt{>}}_{w_2}\underline{\texttt{<<>}}_{w_3}\underline{\texttt{>}}_{w_4} \\
&\Longleftarrow \underline{\texttt{A}}_{A_2}\underline{\texttt{<<>}}_{w_3}\underline{\texttt{>}}_{w_4} \\
&\Longleftarrow \texttt{A<}\underline{\texttt{A}}_{A_3}\underline{\texttt{>}}_{w_4} \\
&\Longleftarrow \texttt{A}\underline{\texttt{A}}_{A_4} \\
&\Longleftarrow \texttt{S}
\end{aligned}
$$

$\beta_i A_i$ は入力文字列の先頭から $w_i$ までの解析結果を表す記号列である．$\beta_1$ は文字列 $w_1'$ であるが，$\beta_i (i > 1)$ は一般に終端記号と非終端記号が混在した記号列である．また $w_i$，$\beta_i$ ともに空文字列でもありうる．この還元系列は，

$$
\begin{aligned}
S &\Longrightarrow \beta_{n-1} A_{n-1} w_n \\
&\Longrightarrow \beta_{n-2} A_{n-2} w_{n-1} w_n \\
&\Longrightarrow \cdots \\
&\Longrightarrow w' A_1 w_2 \cdots w_n \\
&\Longrightarrow w_1 w_2 \cdots w_n
\end{aligned}
$$

の形の導出の逆順である．文字列 $w = \texttt{<<>><<>>}$ に対して示した還元系列の例は，以下の導出の逆順である．

$$
\begin{aligned}
\texttt{S} &\Longrightarrow \texttt{A}\underline{\texttt{A}}_{A_4} \\
&\Longrightarrow \texttt{A<}\underline{\texttt{A}}_{A_3}\underline{\texttt{>}}_{w_4} \\
&\Longrightarrow \underline{\texttt{A}}_{A_2}\underline{\texttt{<<>}}_{w_3}\underline{\texttt{>}}_{w_4} \\
&\Longrightarrow \texttt{<}\underline{\texttt{A}}_{A_1}\underline{\texttt{>}}_{w_2}\underline{\texttt{<<>}}_{w_3}\underline{\texttt{>}}_{w_4} \\
&\Longrightarrow \underline{\texttt{<<>}}_{w_1}\underline{\texttt{>}}_{w_2}\underline{\texttt{<<>}}_{w_3}\underline{\texttt{>}}_{w_4}
\end{aligned}
$$

この導出は，常に，与えられた記号列の中に含まれる最も右側の非終端記号を置き換えることを繰り返す．この性質を満たす導出を最右導出と呼び $\alpha \underset{rm}{\Longrightarrow} \beta$ と書き，その逆関係（還元関係）を $\beta \underset{rm}{\Longleftarrow} \alpha$ と書く．LR 構文解析は，最右導出を逆順に再構築していくことを試みる構文解析法である．

## 5.5 LR 構文解析の原理

最右導出の定義から，再構築すべき還元の各ステップは，ある規則 $A \longrightarrow \beta$ に対して，

$$\alpha_0 \beta w_0 \underset{rm}{\Longleftarrow} \alpha_0 A w_0$$

の形をしている．したがって，解析対象記号列 $\alpha$（導出の最終結果である文字列 $w$ の場合を含む）を最後に導出した規則 $A \longrightarrow \beta$ を見つけ出し，さらに，$\alpha$ を $\alpha_0\beta$ と $w_0$ に分解できれば，$\alpha_0\beta$ の右端 $\beta$ を $A$ で置き換え $w_0$ を連結し直すことによって 1 ステップの還元を再構築できる．例えば $G_{PAREN}$ で生成された文 <<>><> の最初の還元ステップは，上記との対応の注釈を付せば，

$$\underline{\texttt{<}}_{\alpha_0}\underline{\texttt{<>}}_{\beta}\underline{\texttt{><<>>}}_{w_0} \underset{rm}{\Longleftarrow} \underline{\texttt{<}}_{\alpha_0}\ \underline{\texttt{A}}_{A}\ \underline{\texttt{><<>>}}_{w_0}$$

である．この場合，使われた規則が $A \longrightarrow \texttt{<>}$ であることがわかり，かつ記号列 <<>><<>> を $\underline{\texttt{<}}_{\alpha_0}\underline{\texttt{<>}}_{\beta}$ と $\underline{\texttt{><<>>}}_{w_0}$ に分解できれば，<<> の右端の <> を A に置き換えることによって <A><<>> に還元できる．

与えられた文脈自由文法 $G$ によって定まる記号列の集合

$$C_G = \{\alpha\beta | S \underset{rm}{\overset{*}{\Longrightarrow}} \alpha A w \underset{rm}{\Longrightarrow} \alpha\beta w\}$$

を考える．集合 $C_G$ に対して以下の性質が成り立つ．

**定理 5.1 （LR 構文解析の基本原理（Knuth））**　$C_G$ は正規言語である．

この定理は，任意の文脈自由文法 $G$ に対して，$C_G$ を受理する決定性有限状態オートマトン $D_G$ を構成できることを意味する．通常のオートマトンの理論では，オートマトンが記号列を受理するとは，その記号列全体をオートマトンが読み込んだとき，オートマトンが受理状態にあること，と定義される．しかし LR 構文解析では，与えられた記号列の先頭部分を認識するためにオートマトンが用いられる．そこで，本章では，オートマトンが初めて受理状態に遷移したときオートマトンは停止するものとする．したがって，決定性オートマトンが停止するのは，受理状態に達したか，入力が尽くされた場合である．

文法によっては，記号列 $\alpha$ に対して最右導出 $S \underset{rm}{\overset{*}{\Longrightarrow}} \alpha$ があれば，$\alpha = \alpha_1\beta w$ かつ $S \underset{rm}{\overset{*}{\Longrightarrow}} \alpha_1 A w \underset{rm}{\Longrightarrow} \alpha_1\beta w$ となる還元記号列 $\beta$ と規則 $A \to \beta$ の組が唯一に決まる場合がある．LR(0) 文法は，この性質を満たす制限された文脈自由文法のクラスである。例えば $G_{PAREN}$ は LR(0) 文法である．5.6 節で LR(0) 文法の厳密な定義を与える．その定義を使えば，与えられた文法が LR(0) 文法であるか否かは，決定可能であることがわかる．$G$ が LR(0) 文法であれば，文法 $G$ で決まる集合 $C_G$ を受理するオートマトン $D_G$ は，与えられた記号列がもし最右導出で導出された文字列であるなら，その最後の導出に含まれる還元記号列 $\beta$ の最終位置で停止する．さらに，$D_G$ が 5.6 節で示す仕方で構成されていれば，停止したときの状態は，停止位置の左側にある還元記号列 $\beta$ を生成した規則 $A \to \beta$ を示している．そこで，オートマトン $D_G$ がある記号列を読み込んで受理状態に達して停止したとき，受理状態が示す生成規則 $A \to \beta$ を参照し，停止位置の左側にある記号列 $\beta$ を記号 $A$ で置き換えると，1 ステップの還元が実現できる．これを繰り返せば，文字列から $S$ に至る還元系列が再構築できる．

この洞察から，直ちに，以下の構文解析アルゴリズムが得られる．

**アルゴリズム 5.1 （素朴な LR(0) 構文解析）**　LR(0) 文法 $G$ に対して $C_G$ を受理する決定性オートマトン $D_G$ を構成する．入力文字列を，現在の解析対象記号列 $\alpha$ とし，以下を繰り返す．

1. $\alpha$ が $S$ なら，成功を報告し終了する．
2. $\alpha$ に対してオートマトン $D_G$ を走らせる．
3. $D_G$ がエラー状態で停止したら，構文エラーを報告し終了する．
4. $D_G$ が受理状態で停止したら，停止までに読み込んだ文字列を $\alpha_1$，残りを $w_1$ とする．また，受理状態に対応する生成規則を $A \longrightarrow \beta$ とする．$\alpha_1 = \alpha_2\beta$ の形のはずである．$\alpha = \alpha_2 A w_1$ と設定し直し，上記 1 から処理を繰り返す．

このアルゴリズムが使用する $C_G$ を受理するオートマトン $D_G$ は，5.6 節に示す定理 5.1 の証明を通じて与えられる．

## 5.6　定理 5.1 の証明と $D_G$ の構築

$G = (N, T, P, S)$ を与えられた文脈自由文法とする．簡単のために，$G$ に関して以下の性質を仮定する．

> $G$ は不要な非終端記号を含まない．すなわち，すべての非終端記号 $A$ は $S$ から到達可能で，かつ，ある $w \in T^*$ に対して $A \stackrel{*}{\Longrightarrow} w$ となる．

不要な非終端記号は除去可能であり，除去しても生成する言語は変化しない．

決定性有限状態オートマトンが受理する言語はすべて正規言語であることが知られている．そこで，定理 5.1 を，$C_G$ を受理する決定性有限状態オートマトンを構築することによって示す．我々は，すでに 4.2 節で，(見かけ上) より強力な非決定性有限状態オートマトンを構築すれば，サブセット構成法を適用し，決定性有限状態オートマトンに変換できることを学んでいる．したがって，$C_G$ を受理する非決定性オートマトンを構築すれば十分である．

$G$ の構成要素を使って，非決定性オートマトン $N_G = (Q, \Sigma, \delta, s, F)$ を以下のように定義する．

- 状態集合 $Q$ を

$$Q = \{s\} \cup \{[A \to \alpha \cdot \beta] \mid A \to \alpha\beta \in P\}$$

と定義する．$s$ は新たに導入された初期状態名である．$[A \to \alpha \cdot \beta]$ は，各生成規則 $A \to \gamma$ に対して，その右辺記号列 $\gamma$ を任意に 2 分割して得られる組 $(\alpha, \beta)$ を使ってつけられた状態名である．このような状態名を使うことによって，定理 5.1 が容易に証明できる．

- 入力文字の集合を $\Sigma = N \cup T$ とする．すなわち，このオートマトンは，文脈自由文法の非終端記号と終端記号を入力とする．したがって，このオートマトンが受理する言語は，$(N \cup T)^*$ の部分集合である．
- 状態遷移関数 $\delta$ を $Q \times (\Sigma \cup \{\epsilon\}) \to \mathcal{P}(Q)$ の型を持つ以下のように定義された関数とする．

$$\begin{aligned} \delta(s, \epsilon) &= \{[S \to \cdot\alpha] \mid S \to \alpha \in P\} \\ \delta([A \to \alpha \cdot v\beta], v) &= \{[A \to \alpha v \cdot \beta]\} \quad (v \in N \cup T) \\ \delta([A \to \alpha \cdot B\beta], \epsilon) &= \{[B \to \cdot\gamma] \mid B \to \gamma \in P\} \end{aligned}$$

- 受理状態の集合 $F$ を $\{[A \to \alpha\cdot] \mid A \to \alpha \in P\}$ と定義する．このオートマトンは，$\delta$ で定まる遷移を行い，ドット $\cdot$ が最後にくる状態に達した文字列 $\alpha \in (N \cup T)^*$ を受理する．

山括弧言語の文法 $G_{PAREN}$ に対する集合 $C_{G_{PAREN}}$ を受理する非決定性有限状態オートマトン $N_{G_{PAREN}}$ を図 5.1 に示す．2 重線で囲まれたものが受理状態である．

定理 5.1 の証明を完成させるためには，この $N_G$ に対して，

$$L(N_G) = C_G$$

を示す必要がある．集合間の等式の証明は，通常，双方向の包含関係，すなわち $C_G \subseteq L(N_G)$ と $L(N_G) \subseteq C_G$ の 2 つの性質を示すことによってなされる．以下にその概要を示す．

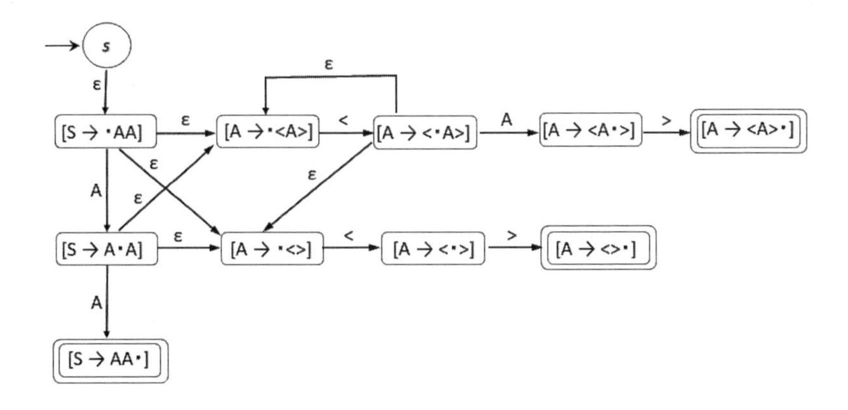


**図 5.1**　$C_{G_{PAREN}}$ を受理する非決定性有限状態オートマトン $N_{G_{PAREN}}$

**性質 $C_G \subseteq L(N_G)$ の証明（概要）**　$w$ を $\Sigma^*$ の任意の要素とする．証明すべき命題は以下の通りである．

もし $\omega \in C_G$ なら $\omega \in L(N_G)$ である．

4.2.2 項で定義した $\delta$ の $\Sigma^*$ への拡張 $\hat{\delta}$ を使い，関係 $q \in \hat{\delta}(p, \alpha)$ を $p \xrightarrow{\alpha} q$ と書く．$p_1 \xrightarrow{\alpha} p_2$ かつ $p_2 \xrightarrow{\beta} p_3$ なら $p_1 \xrightarrow{\alpha\beta} p_3$ である．$C_G$ と $L(N_G)$ の定義とこの表記を使って，示すべき条件を書き下すと，以下のようになる．

もし $S \underset{rm}{\overset{*}{\Longrightarrow}} \alpha A w_0 \underset{rm}{\Longrightarrow} \alpha\beta w_0$ なら $s \xrightarrow{\alpha\beta} [A \to \beta\cdot]$ である．

証明方針は，前提条件に現れる $S \underset{rm}{\overset{*}{\Longrightarrow}} \alpha A w_0$ の繰り返しに関する帰納法の使用である．しかし，実際に帰納法を実行しようとすると，帰納法の仮定を適用するところで行き詰まってしまう．問題は，上記命題が，$N_G$ の受理状態に制限する特別な形をしている点にある．これは，証明においてもプログラミングにおいてもよく遭遇する事態である．このような場合の標準戦略は，示すべき性質を特殊な場合として含む，一般的な命題を示すことである．この場合，帰納法に適したより一般的な命題は，以下のものである．

もし $S \underset{rm}{\overset{*}{\Longrightarrow}} \alpha A w \underset{rm}{\Longrightarrow} \alpha\beta_1\beta_2 w$ なら $s \xrightarrow{\alpha\beta_1} [A \to \beta_1 \cdot \beta_2]$ である．

この $\beta_2$ を $\epsilon$ ととると，示すべき性質となる．この命題について，$S \overset{*}{\underset{rm}{\Longrightarrow}} \alpha Aw$ が 0 回の導出の場合と 1 回以上の導出の場合をそれぞれ示せばよい．前者は，定義から帰結する．後者は，導出の形で場合分けを行い，帰納法の仮定を使って示すことができる．

**性質 $L(N_G) \subseteq C_G$ の証明（概要）**　$w$ を $\Sigma^*$ の任意の要素とする．証明すべき命題は以下の通りである．

もし $\omega \in L(N_G)$ なら $\omega \in C_G$ である．

定義にしたがって書き下すと，

もし $s \xrightarrow{\alpha} [A \to \beta\cdot]$ なら，ある $\alpha_1, w$ があって，$\alpha = \alpha_1\beta$ かつ $S \overset{*}{\underset{rm}{\Longrightarrow}} \alpha_1 Aw \underset{rm}{\Longrightarrow} \alpha_1\beta w$ である．

となる．さらに書き直すと，

もし $s \xrightarrow{\epsilon} [S \to \cdot\gamma] \xrightarrow{\alpha} [A \to \beta\cdot]$ なら，ある $\alpha_1, w$ があって，$\alpha = \alpha_1\beta$ かつ $S \overset{*}{\underset{rm}{\Longrightarrow}} \alpha_1 Aw \underset{rm}{\Longrightarrow} \alpha_1\beta w$ である．

となる．この命題の証明の方針は，$[S \to \cdot\gamma] \xrightarrow{\alpha} [A \to \beta\cdot]$ を実現する $N_D$ の状態遷移の数に関する帰納法である．ただし $\epsilon$ 遷移も回数にカウントする．以前同様，帰納法に適した以下の命題に一般化する．

もし $s \xrightarrow{\epsilon} [S \to \cdot\gamma] \xrightarrow{\alpha} [A \to \beta_1 \cdot \beta_2]$ なら，ある $\alpha_1, w$ があって，$\alpha = \alpha_1\beta_1$ かつ $S \overset{*}{\underset{rm}{\Longrightarrow}} \alpha_1 Aw \underset{rm}{\Longrightarrow} \alpha_1\beta_1\beta_2 w$ である．

$\beta_2$ を $\epsilon$ ととれば，示すべき命題になるので，この命題はより一般化された命題である．この命題は，状態遷移の数が 0 の場合と 1 以上の場合に分け，後者については，さらに状態遷移の種類によって場合分けを行うことによって示すことができる．

以上の定理 5.1 の証明で，$C_G$ を受理する非決定性有限状態オートマトン $N_G$ の構築方法が与えられた．図 4.1 に与えたサブセット構成アルゴリズムをこの $N_G$ に適用すれば，直ちに $C_G$ を受理する決定性有限状態オートマトン

$D_G$ が得られる．$D_G$ の各状態は，

$$\{[A_1 \to \alpha_1 \cdot \beta_1],\ \cdots\ [A_n \to \alpha_n \cdot \beta_n]\ \}$$

または

$$\{s, [S \to \cdot\alpha_1],\ \cdots\ [S \to \cdot\alpha_n]\}$$

の形の集合である．後者はただ一つだけ存在する．この状態が $D_G$ の初期状態である．受理状態の集合は，$[A \to \alpha\cdot]$ の形の $N_G$ の状態を 1 つ以上含む状態である．

$N_G$ の $s$ 以外の $[A \to \alpha \cdot \beta]$ の形をした状態名の中で，$\beta$ が空文字列であるものを還元項，空文字列でないものをシフト項と呼ぶことにする．$N_G$ から得られた $D_G$ の状態集合にシフト項と還元項両方を含む状態がある場合，シフト・還元競合があるといい，2 つ以上の還元項を含む状態がある場合，還元・還元競合があるという．$D_G$ の状態集合に，シフト・還元競合と還元・還元競合のどちらも存在しないとき，文法 $G$ は LR(0) 文法であるという．

$G_{PAREN}$ に対して定義された $N_{G_{PAREN}}$（図 5.1）にサブセット構成アルゴリズムを適用し得られる DFA を図 5.2 に示す．$D_{G_{PAREN}}$ の状態から，$G_{PAREN}$ は LR(0) 文法であることがわかる．この DFA の定義から，$C_{G_{PAREN}}$ は

{<>, <<>, <<<>, ...,
A<>, A<<>, A<<<>, ...,
<A>, <<A>, <<<A>, ...,
A<A>, A<<A>, A<<<A>, ...,
AA}

のような 5 つの系列の記号列の集合であることがわかる．この正規言語は，正規表現を用いて

A?<*<>| A?<*<A>| AA

と表現される．これら 3 つの要素は，それぞれ，$D_{G_{PAREN}}$ の 3 つの受理状態 $q_2$，$q_5$，$q_6$ に対応している．さらに，これら受理状態 $q_2, q_5, q_6$ はそれぞれ，その状態が受理した記号列を最後に導出した文法規則が A $\longrightarrow$ <>，A $\longrightarrow$ <A>，および S $\longrightarrow$ AA であることを示している．

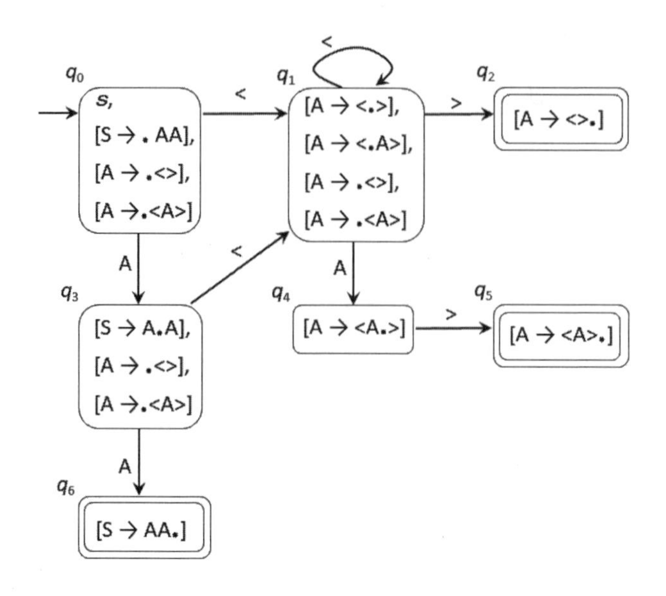


図 **5.2**　$C_{G_{PAREN}}$ を受理する決定性有限状態オートマトン $D_{G_{PAREN}}$

$G_{PAREN}$ で生成された文 <<>><> に対して図 5.2 で与えたオートマトンを使って 5.5 節で与えた素朴な LR(0) 構文解析（アルゴリズム 5.1）を実行すると，以下に示す実行系列が得られ，最右導出が逆順に再構築される．

| | 入力 ($\alpha$) | 受理状態 (規則) | $\alpha_2\beta$ | $w_1$ |
|---|---|---|---|---|
| 1 | <<>><> | $q_2$(A ⟶ <>) | <<> | ><> |
| 2 | <A><> | $q_5$(A ⟶ <A>) | <A> | <> |
| 3 | A<> | $q_2$(A ⟶ <>) | A<> | $\epsilon$ |
| 4 | AA | $q_6$(S ⟶ AA) | AA | $\epsilon$ |
| 5 | S | – | – | – |

この表の $\alpha, \alpha_2, \beta, w_1$ はアルゴリズム 5.1 で導入した名前である．

## 5.7 効率的なアルゴリズム構築戦略

前節の結果は，解析対象を LR(0) 文法に限れば，構文解析問題は理論的には解決されたことを意味する．しかしこのアルゴリズムは，還元ステップを 1 ステップ戻るたびに，最初からオートマトンを動かし直し，新たな還元記号列位置を検出する必要があり，効率が悪いと予想される．

この問題を分析するために，最右導出の還元ステップ

$$\alpha\beta w \underset{rm}{\Longleftarrow} \alpha A w$$

を再度吟味してみよう．この還元ステップに続く還元ステップは，$\alpha A w$ 全体を与えられた記号列とし，それをオートマトンで $\alpha'\beta'$ と $w'$ に分解し，受理状態が示す規則 $A' \to \beta'$ を使って以下の書き換えを行うはずである．

$$\alpha'\beta'w' \underset{rm}{\Longleftarrow} \alpha' A' w'$$

さらに最右導出の定義から，オートマトンが $\alpha'\beta'$ を受理し停止したとき，還元記号列 $\beta'$ の終了位置は，入力記号列 $\alpha A w$ の中の $A$ の右側のどこかである．したがって，改めて $\alpha A w$ を入力記号列としてオートマトンを走らせたときのオートマトンの遷移は，入力の先頭部分 $\alpha$ に対しては，前回と全く同じである．例えば，山括弧言語の以下の文を考えてみよう．

$$\underline{\texttt{<<<<<<<<<<<<<<<<<}}_{\alpha}\ \underline{\texttt{<>}}_{\beta}\ \underline{\texttt{>>>>>>>>>>>>>>>>><>}}_{w}$$

$D_{G_{PAREN}}$ は $\underline{\texttt{<<<<<<<<<<<<<<<<<}}_{\alpha}\underline{\texttt{<>}}_{\beta}$ を読み込んで停止する．入力は，規則 $A \to \texttt{<>}$ を使い，

$$\underline{\texttt{<<<<<<<<<<<<<<<<}}_{\alpha'}\ \underline{\texttt{<}A\texttt{>}}_{\beta'}\ \underline{\texttt{>>>>>>>>>>>>>>>>><>}}_{w'}$$

に還元される．この新たな入力列に対して $D_{G_{PAREN}}$ は，再度先頭から $\beta'$ の終わりの “>” までを読んで停止するが，A の直前までの入力記号列は前回と同一（前回の記法では $\alpha$）であるため，この部分の $D_{G_{PAREN}}$ の状態遷移は，前回と全く同じである．

以上の分析から，以下のような効率のよい構文解析戦略が導かれる．入力記号列 $\alpha\beta w$ に対してオートマトンを走らせ $\alpha\beta$ の位置を検出する際，オート

マトンが初期状態から受理状態に至るまでにたどった状態列を記録する．$\beta$ の長さ $|\beta|$ が $k$ であれば，状態列は $q_0 \ldots q_n q'_1 \ldots q'_k$ の形の列のはずである．還元記号列 $\beta$ を $A$ に書き換えて得られる新たな入力記号列 $\alpha Aw$ に対するオートマトンの状態遷移を実行するため，記録されている状態列 $q_0 \ldots q_n q'_1 \ldots q'_k$ から $\beta$ の遷移に対応する $k$ 個の状態を取り除いた状態列 $q_0 \ldots q_n$ を求める．この列の最後の状態 $q_n$ は，オートマトンが初期状態から $\alpha$ を読み込んで到達する状態のはずである．そこで，$\alpha$ に続く記号列 $Aw$ に対して，状態 $q_n$ からオートマトンの状態遷移を再開する．再開したオートマトンは，初期状態から入力記号列 $\alpha Aw$ に対して行う動作と同一の動作をして停止するはずである．これによって，オートマトンを繰り返し使うオーバヘッドを抑止できる．さらに，記録された状態列から $\beta$ に対応する状態を除去する操作も，スタックを使えば系統的かつ効率よく実現できる．

以上の戦略に従い，効率的な LR 構文解析アルゴリズムを定義する．以下の定義では，文法 $G$ に対して開始記号 $S$ を左辺とする規則は 1 つしかなく，また $S$ はほかの規則の右辺に現れない，と仮定する．この仮定は，5.8 節で説明する拡張文法 $G'$ の定義に相当し，一般性を失わない．また簡単のために，文法 $G$ は空ではないものとする．

**アルゴリズム 5.2 （LR(0) 構文解析）**　LR(0) 文法 $G$ の $C_G$ を受理するオートマトンを $D_G$ とする．$D_G$ の状態を記録するスタックを用意し，$D_G$ の初期状態をスタックにプッシュし，入力文字列の先頭文字を現在の入力記号 $x$ と設定し，以下の処理を繰り返す．

> スタックトップの状態を $q$ とする．$q$ から $x$ に対する遷移先の状態 $p = \delta_{D_G}(q, x)$ を求め，以下のいずれかの処理を行う．
>
> (a)　$p$ がエラー状態であればエラーを報告し，終了する．
>
> (b)　$p$ が受理状態でなければ，$p$ をスタックにプッシュし，入力文字列の次の文字を現在の入力記号 $x$ と設定する．
>
> (c)　$p$ が $S \longrightarrow \beta$ に対応する受理状態であれば，もし入力が尽きていれば成功を報告して終了し，入力が残っていればエ

ラーを報告し終了する．

(d) $p$ が $A \longrightarrow \beta(A \neq S)$ に対応する受理状態であれば，$|\beta|-1$ だけスタックをポップし，$A$ を現在の入力記号に設定する．

繰り返し処理の中の最後のケースで，$\beta$ が空文字列となることはない．空文字列を生成する規則を含む空でない文法は，LR(0) 文法とならないからである．

このアルゴリズムで使用されるスタックの役割を理解していれば，このアルゴリズムは，素朴な LR(0) 構文解析アルゴリズムと同一の還元系列を再構築することが理解できるはずである．これが，LR 構文解析が可能な最も簡単な文法クラス LR(0) 文法に対する LR 構文解析アルゴリズムである．

文字列 <<>><> に対してこのアルゴリズムを実行したときの実行ステップの詳細を図 5.3 に示す．以上の理解を確認するために，この実行結果を分析してみよう．ステップ 1，2 では動作 (b) が実行されている．ステップ 3 で最初に動作 (d) が実行される．このステップ実行時には，$D_{G_{PAREN}}$ が，入力文字列 <<>><> を <<> と ><> に分解し，状態 {[A→ <>·]} で停止している．ステップ 3 の実行は，入力を <A><> に設定し直し，$D_{G_{PAREN}}$ が < を読み，状態 $q_1$ に到達し，残りの文字列が A><> である状況を作り出している． それに続くステップ 4 では，$D_{G_{PAREN}}$ が記号列の次の記号 A に対する遷移を実行している．

以上が，スタックを使った LR 構文解析アルゴリズムである．アルゴリズムの動作 (b) と動作 (d) は，LR 構文解析の解説ではそれぞれ shift 動作（シフト動作）および reduce 動作（還元動作）と呼ばれる．LR 構文解析に関する説明では時折，これらのシフト動作と還元動作に関して，生成規則から作られる状態の形と，現在の入力文字列とスタックの状態から，直感的な説明が試みられることがある．しかし，アルゴリズムの本質の理解の助けとなるような直感的な説明や理解は，筆者が知る限り，困難と思われる．ここまで学んできた読者は，以下のことを理解しているはずである．シフト動作は，オートマトン $D_G$ が，解析対象記号列 $\alpha$ の中で，$\alpha = \alpha_1\beta w$ かつ $S \underset{rm}{\overset{*}{\Longrightarrow}} \alpha_1 A w \underset{rm}{\Longrightarrow} \alpha_1\beta w$ となる $\beta$ の終了位置を検出するために，状態遷移を実行しているだけである．

|  | $x$ | $w$ | スタック | 動作 |
|---|---|---|---|---|
| 1 | `<` | `<>><>` | $q_0 \leftarrow$ | (b) |
| 2 | `<` | `>><>` | $q_0 q_1 \leftarrow$ | (b) |
| 3 | `>` | `><>` | $q_0 q_1 q_1 \leftarrow$ | (d) |
| 4 | `A` | `><>` | $q_0 q_1 \leftarrow$ | (b) |
| 5 | `>` | `<>` | $q_0 q_1 q_4 \leftarrow$ | (d) |
| 6 | `A` | `<>` | $q_0 \leftarrow$ | (b) |
| 7 | `<` | `>` | $q_0 q_3 \leftarrow$ | (b) |
| 8 | `>` | $\epsilon$ | $q_0 q_3 q_1 \leftarrow$ | (d) |
| 9 | `A` | $\epsilon$ | $q_0 q_3 \leftarrow$ | (c) |

**図 5.3**　LR(0) 構文解析の実行例

また，スタックにプッシュするのは，同一の記号列 $\alpha_1$ に対して，あとで必要になるオートマトンの状態遷移を記録するためである．さらに，還元動作は，$\beta$ の部分の状態遷移を巻き戻し，オートマトンの状態を，$\alpha_1$ に対する状態遷移が完了し $A$ を読み込む直前の状態に戻す処理である．これが，LR 構文解析の原理そのものであり，したがって LR パーザの動作原理に関する，最も簡単で理解しやすい説明のはずである．

## 5.8　構文解析表の作成

LR(0) 構文解析アルゴリズム（アルゴリズム 5.2）は，LR(0) 構文解析の原理に基づきオートマトンを繰り返し使い最右導出を再構築する素朴な LR(0) 構文解析アルゴリズム（アルゴリズム 5.1）と同一の動作を，より効率的に実現するものである．このアルゴリズムの詳細を分析すると，以下の細かな改良の余地があることがわかる．

1. 動作 (c) において，受理する前に入力が尽きたか否かの判定を行っている．この判定は，入力終了文字を特別の終端記号として導入すれば避けることができる．

2. 動作 (d) に続く動作は，この動作の対象となった状態 $[A \to \beta\cdot]$ に対応する非終端記号 $A$ に対する動作 (b) の実行である．したがって，その動作をこの動作 (d) の最後に行えば，非終端記号を入力記号に設定する処理は不要となる．
3. アルゴリズムの動作は，遷移先のオートマトンの状態 $\delta(q, v)$ によって一意に決まっている．そこで，状態遷移表を参照し動作を決めるのではなく，状態 $q$ と入力文字 $a$ に対する動作を直接記述した表を用意すれば，アルゴリズムの記述がより簡潔になる．
4. さらに，遷移先が受理状態であってもスタックにプッシュするようにすれば，遷移先の状態 $q = \delta(q, v)$ と現在の入力記号 $v$ とで場合分けをするのではなく，スタックトップと残りの入力文字の先頭で場合分けをすることができる．

以上の方針の下，入力文字に対する動作を記述した構文解析表を作成し，その記述に従い動作するのが，通常の LR 構文解析アルゴリズムである．

$G = (N, T, P, S)$ を与えられた文脈自由文法とする．以下，$G$ に関して，$P = \{S \to \epsilon\}$ の場合は別扱いし，$P \neq \{S \to \epsilon\}$ とする．この仮定の下で，まず入力終了判定を不要にするために，$G$ に対して，文字列終了を表す終端記号 \$ と新しい非終端記号 $S'$ を導入し，拡張文法 $G'$ を以下のように定義する．

$$
\begin{aligned}
G' &= (N \cup \{S'\}, T \cup \{\$\}, P', S') \\
P' &= P \cup \{S' \to S\$\}
\end{aligned}
$$

新しく $S'$ の規則を追加することにより，この拡張された文法では，開始記号からの導出はただ一つだけであり，開始記号 $S'$ はほかの生成規則に現れない．

$G'$ に対して 5.6 節の構成方法で得られた NFA を $N_{G'}$ とし，$N_{G'}$ にサブセット構成アルゴリズムを適用し得られる DFA を $D_{G'}$ とする．$G'$ が LR(0) 文法であれば，$D_{G'}$ にシフト・還元競合と還元・還元競合はない．$D_{G'}$ の状態遷移表に従い，LR(0) 構文解析表を定義する．構文解析表は，アルゴリズムの動作を記述する $Q \times T$ の Action 表と，$Q \times N$ の Goto 表で構成される．Action 表の各エントリー $(q, a) \in Q \times T$ は，以下のように設定する．

- $\delta(q, \$) = \{[S' \to S\$\cdot]\}$ なら，**accept** と設定する．
- $a \neq \$$ でかつ $\delta(q, a) = p$ であれば，**shift**$(p)$ と設定する．
- $q$ が $\{[A \to \alpha\cdot]\}$ であれば，**reduce**$(A \to \alpha)$ と設定する．
- それ以外のエントリーは **error** と設定する．

Goto 表は，$D_{G'}$ の状態遷移関数 $\delta$ の値 $\delta(q, A)$ である．

5.7 節で提示した LR(0) 構文解析アルゴリズム（アルゴリズム 5.2）を，以上の Action 表と，LR 構文解析法の解説でよく使われる用語を用いて書き直すと以下のようになる．

**アルゴリズム 5.3 （LR(0) 構文解析（シフト還元表現））**　スタックに初期状態 $q_0$ をプッシュし，与えられた入力文字列 $w$ の最後に $ を追加した文字列を残りの入力文字列と設定し，以下の動作を繰り返す．

スタックトップの状態を $q$，残りの入力文字列の先頭文字を $a$ とし，Action$(q, a)$ の内容に従い，以下のいずれかの動作をする．

- **shift**$(p)$ : $p$ をスタックにプッシュし，入力を 1 文字読み進める．
- **reduce**$(A \to \beta)$ : スタックを $|\beta|$ 回ポップし，ポップ後のスタックトップの状態 $q$ に対する Goto$(q, A)$ をスタックにプッシュする．
- **accept** : 構文解析成功を報告し，終了する．
- **error** : 構文エラーを報告し，終了する．

図 5.4 と図 5.5 にそれぞれ，文法 $G_{PAREN}$ を $S' \to S\$$ で拡張した文法 $G'_{PAREN}$ に対するオートマトン $D_{G'_{PAREN}}$ と構文解析表を示す．図 5.6 に $G_{PAREN}$ の文 <<>><> に対するアルゴリズム 5.3 の動作を示す．

## 5.9　先読み文字によるアルゴリズムの改良

文法 $G$ の例を定義して，$G$ に対する $D_G$ を構築してみれば理解できる通り，ごく簡単な文法に対しても $D_G$ の状態はシフト・還元競合や還元・還元

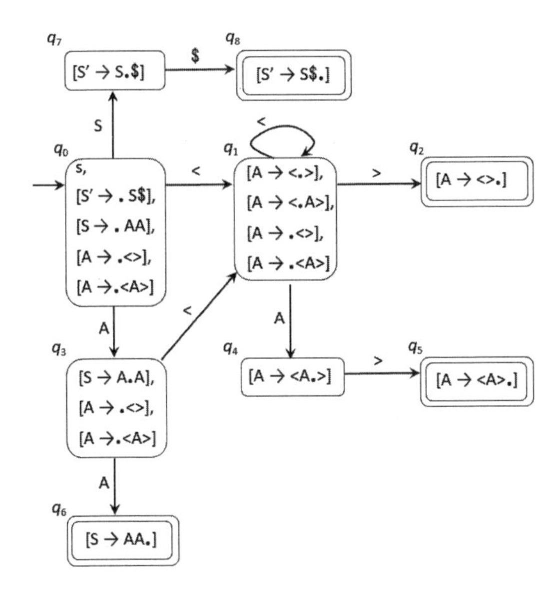


**図 5.4**　文法 $G'_{PAREN}$ に対するオートマトン $D_{G'_{PAREN}}$

| | Action | | | Goto | |
|---|---|---|---|---|---|
| | < | > | $ | A | S |
| $q_0$ | **shift**$(q_1)$ | | | $q_3$ | $q_7$ |
| $q_1$ | **shift**$(q_1)$ | **shift**$(q_2)$ | | $q_4$ | |
| $q_2$ | **reduce**$(r_1)$ | **reduce**$(r_1)$ | **reduce**$(r_1)$ | | |
| $q_3$ | **shift**$(q_1)$ | | | $q_6$ | |
| $q_4$ | | **shift**$(q_5)$ | | | |
| $q_5$ | **reduce**$(r_2)$ | **reduce**$(r_2)$ | **reduce**$(r_2)$ | | |
| $q_6$ | **reduce**$(r_3)$ | **reduce**$(r_3)$ | **reduce**$(r_3)$ | | |
| $q_7$ | | | **accept** | | |

**図 5.5**　文法 $G'_{PAREN}$ に対する構文解析表

$q_0$ から $q_7$ は $D_{G'_{PAREN}}$ の状態名，$r_1$，$r_2$，$r_3$ はそれぞれ，A → <>，A → <A>，S → AA の各生成規則を表す．

| | 残りの入力 | スタック | 動作 |
|---|---|---|---|
| 1 | <<>><>$ | $q_0\leftarrow$ | **shift**$(q_1)$ |
| 2 | <>><>$ | $q_0q_1\leftarrow$ | **shift**$(q_1)$ |
| 3 | >><>$ | $q_0q_1q_1\leftarrow$ | **shift**$(q_2)$ |
| 4 | ><>$ | $q_0q_1q_1q_2\leftarrow$ | **reduce**(A $\rightarrow$ <>) |
| 5 | ><>$ | $q_0q_1q_4\leftarrow$ | **shift**$(q_5)$ |
| 6 | <>$ | $q_0q_1q_4q_5\leftarrow$ | **reduce**(A $\rightarrow$ <A>) |
| 7 | <>$ | $q_0q_3\leftarrow$ | **shift**$(q_1)$ |
| 8 | >$ | $q_0q_3q_1\leftarrow$ | **shift**$(q_2)$ |
| 9 | $ | $q_0q_3q_1q_2\leftarrow$ | **reduce**(A $\rightarrow$ <>) |
| 10 | $ | $q_0q_3q_6\leftarrow$ | **reduce**(S $\rightarrow$ AA) |
| 11 | $ | $q_0q_7\leftarrow$ | **accept** |

**図 5.6**　$G_{PAREN}$ の文 <<>><> に対するアルゴリズム 5.3 の動作

競合を含む．この問題は，還元記号列を単に探索するだけではなく，還元記号列に続きうる $k$ 個の文字列を一緒に探索することによって大幅に改善することができる．その具体的な戦略は以下の 2 つである．簡単のために，$k=1$ の場合を考えることにする．

1. $C_G$ の定義自体を，先読み文字を追加して拡張する LR(1) 戦略
   受理状態 $q=[A\rightarrow\beta\cdot]$ を先読み文字 $a\in\Sigma$ を含む状態 $q_a=[A\rightarrow\alpha\cdot,a]$ に細分化し，$q$ が受理する集合 $R_q=\{\alpha\beta|S\overset{*}{\underset{rm}{\Longrightarrow}}\alpha Aw\underset{rm}{\Longrightarrow}\alpha\beta w\}$ を各 $q_a$ が受理する集合 $R_{q_a}=\{\alpha\beta|S\overset{*}{\underset{rm}{\Longrightarrow}}\alpha Aaw\underset{rm}{\Longrightarrow}\alpha\beta aw\}$ に分割する戦略である．Knuth の提案は，一般の $k$ の先読み文字列に対するこの戦略を含んだ LR(k) 構文解析の理論である．考え方は本章で説明したものと同じであるが，$D_G$ の状態が細分化されるため，たとえ $k=1$ の場合でもシフト・還元競合，還元・還元競合を大幅に削減することができ，実用的な LR 構文解析器を構成できる．ただし $D_G$ の状態数が多くなるため，当時は，LR(1) 解析器の実装は困難であった．

2. $C_G$ の定義は変えずに還元記号列に続きうる文字列を別に計算する戦略
この方式は，オートマトンの状態に現れる還元項の非終端記号 $A$ に続きうる文字集合を何らかの方法で計算し，$A \to \alpha$ の還元動作を，次の入力文字がこの集合に入っている場合に限定する方法である．先読み文字集合の最も簡単なものは，文法 $G$ から定まる $A$ に続きうるすべての文字集合 ($FOLLOW(A)$) とする方法である．この集合を使った LR 構文解析法は SLR と呼ばれる．さらに，導出関係を考慮したより精密な LALR 先読み文字集合が提案されている．

## 5.10 yacc による構文解析処理の自動生成

LR(0) 構文解析法を，LALR 先読み文字集合を用いて改良した構文解析アルゴリズムが yacc と呼ばれるツールとして実用化されている．yacc は，1970 年代にベル研究所で C 言語に対して開発され，その後 Standard ML を含む数多くの言語に移植され広く使われている．SML# でも smlyacc として提供されている．本節では，smlyacc を使い構文解析システムの実装方法を学ぶ．

### 5.10.1 CoreML 言語の文法と smlyacc ソースファイルの定義

構文解析器の開発の出発点は，対象言語の文脈自由文法の定義である．そのためにまず，我々の実装のターゲットである CoreML 言語の文法を，1.2.1 項で紹介した BNF 記法を用いて図 5.7 のように定義する．さらに，この文法定義に従い，構文木を表すデータ型を定義するモジュールのインターフェイスファイル (`Syntax.smi`) を図 5.8 のように定義する．`prim`, `exp`, `dec` の各データ型は，それぞれ，BNF 文法の $\langle prim \rangle$, $\langle exp \rangle$, $\langle dec \rangle$ の定義をそのまま ML の型として書き下したものである．型定義に加えて．構文木の印字のために，これらのデータ型を文字列に変換する関数を含む．

構文解析処理を実装するには，定義した文法に従い，smlyacc への入力ファイル（ここでは `CoreML.grm` とする）を書く必要がある．その構造は以下の通りである．

| | | | |
|---|---|---|---|
| $\langle prim \rangle$ | ::= | `eq` \| `add` \| `sub` \| `mul` \| `div` | (組み込み整数演算子) |
| $\langle exp \rangle$ | ::= | $\langle id \rangle$ | (変数) |
| | \| | $\langle n \rangle$ \| $\langle s \rangle$ \| `true` \| `false` | ($\langle n \rangle$ 自然数, $\langle s \rangle$ 文字列) |
| | \| | `fn` $\langle id \rangle$ `=>` $\langle exp \rangle$ | (関数式) |
| | \| | $\langle exp \rangle$ $\langle exp \rangle$ | (関数適用) |
| | \| | `(`$\langle exp \rangle$ `,` $\langle exp \rangle$`)` | (組み) |
| | \| | `#1` $\langle exp \rangle$ | (第1要素取り出し) |
| | \| | `#2` $\langle exp \rangle$ | (第2要素取り出し) |
| | \| | `prim (`$\langle prim \rangle$`,` $\langle exp \rangle$`,` $\langle exp \rangle$`)` | (組み込み演算) |
| | \| | `if` $\langle exp \rangle$ `then` $\langle exp \rangle$ `else` $\langle exp \rangle$ | (条件式) |
| $\langle dec \rangle$ | ::= | `val` $\langle id \rangle$ `=` $\langle exp \rangle$ | (変数束縛) |
| | \| | `fun` $\langle id \rangle$ $\langle id \rangle$ `=` $\langle exp \rangle$ | (再帰関数定義) |

**図 5.7**　CoreML 言語の文法

```
CoreML.grm

ユーザ定義セクション
%%
smlyacc への指定セクション
%%
文法規則定義セクション
```

それぞれのセクションには以下の内容を記述する．

- ユーザ定義セクション
  文法規則の定義セクションで，構文木を生成するときなどに使用する関数などを記述する．ML の任意のコードを記述できる．
- smlyacc への指定セクション
  以下を含む各種変数を指定する．

Syntax.smi

```
_require "basis.smi"
structure Syntax =
struct
  datatype prim = EQ | ADD | SUB | MUL | DIV
  datatype exp
    = EXPID of string | INT of int | STRING of string
    | TRUE | FALSE | EXPFN of string * exp
    | EXPAPP of exp * exp | EXPPAIR of exp * exp
    | EXPPROJ1 of exp | EXPPROJ2 of exp
    | EXPPRIM of prim * exp * exp
    | EXPIF of exp * exp * exp
  and dec
    = VAL of string * exp
    | FUN of string * string * exp
  val expToString : exp -> string
  val decToString : dec -> string
end
```

図 **5.8** CoreML 言語の構文木を表すデータ型モジュールのインターフェイス

| 変数 | 意味 |
|---|---|
| %term | 終端記号集合 |
| %nonterm | 非終端記号集合 |
| %start | 開始記号 |
| %eop | 入力終了トークン |
| %pos | トークンの位置情報の型 |
| %name | パーザー名 |

```
%pos int
%term ADD | COMMA | DARROW | DIV | ELSE | EOF | EQ | EQUAL
    | FALSE | FN | FUN | HASH1 | HASH2 | ID of string | IF
    | INT of int | LPAREN | MUL | RPAREN | SEMICOLON
    | STRING of string | SUB | THEN | TRUE | VAL
%nonterm appexp of Syntax.exp | atexp of Syntax.exp
       | const of Syntax.exp  | exp of Syntax.exp
       | dec of Syntax.dec    | top of Syntax.dec
       | prim of Syntax.prim
%start top
%name CoreML
%eop EOF SEMICOLON
%noshift EOF
```

図 **5.9**　CoreML.grm の smlyacc への指示セクション例

- 文法規則定義セクション

  $\langle N \rangle$ : $\alpha_1$ ($exp_1$) | $\cdots$ | $\alpha_n$ ($exp_n$)

  の形で，各非終端記号 $\langle N \rangle$ について，それが導出する記号列 $\alpha_i$ とその記号列が還元されたときに返す値の式 $exp_i$ を指定する．

CoreML.grm のユーザ定義セクションは特に必要ない．CoreML.grm の smlyacc への指定セクションの例を図 5.9 に示す．CoreML.grm の定義の主な内容である文法規則定義セクションには，図 5.7 に定義した CoreML 言語の文法を smlyacc の形式で記述する．この作業を実際に行ってみると，smlyacc が多数のエラーを報告する．図 5.7 の定義は，人が理解するには適しているが，曖昧性が大きく smlyacc の入力としては不適当である．例えば x y z には (x y) z と x (y z) の構文構造がある．曖昧さを除去する一つの方法は，構文規則を以下のように階層化し構文間の結合の強さを導入することである．

$$
\begin{array}{lcl}
\langle exp \rangle & ::= & \langle appexp \rangle \mid \texttt{fn}\ \langle id \rangle\ \texttt{=>}\ \langle exp \rangle \\
 & \mid & \texttt{if}\ \langle exp \rangle\ \texttt{then}\ \langle exp \rangle\ \texttt{else}\ \langle exp \rangle \\
\langle appexp \rangle & ::= & \langle atexp \rangle \mid \langle appexp \rangle\ \langle atexp \rangle \\
\langle atexp \rangle & ::= & \langle n \rangle \mid \langle s \rangle \mid \texttt{true} \mid \texttt{false} \mid \langle id \rangle \mid \texttt{\#1}\ \langle atexp \rangle \mid \texttt{\#2}\ \langle atexp \rangle \\
 & \mid & \texttt{(}\langle exp \rangle\texttt{,}\ \langle exp \rangle\texttt{)} \mid \texttt{(}\langle exp \rangle\texttt{)} \mid \texttt{prim}\ \texttt{(}\langle prim \rangle\texttt{,}\ \langle exp \rangle\texttt{,}\ \langle exp \rangle\texttt{)}
\end{array}
$$

この階層化により，`x y z` は，Standard ML の定義通り `(x y) z` と解釈される．この書き直した文法を smlyacc の規則に従って記述すると図 5.10 の文法規則定義セクションが得られる．

図 5.9 の smlyacc への指示セクションの内容と図 5.10 の文法規則定義セクションの内容を `CoreML.grm` ファイルの所定の位置に埋め込めば，smlyacc の入力ファイルが完成する．

### 5.10.2 構文解析モジュールの作成

入力ファイル `CoreML.grm` に対して smlyacc コマンドを適用すると，ソースファイル `CoreML.grm.sml` とシグネチャファイル `CoreML.grm.sig` が生成される．`CoreML.grm.sml` が構文解析処理のソースファイルである．このプログラムを使用するためにインターフェイスファイルを書く必要がある．図 5.11 にその定義を示す．`_require "ml-yacc-lib.smi"` は smlyacc が生成する構文解析処理プログラムが必要とするライブラリの使用宣言である．ライブラリに加えて，同一ディレクトリに置かれた構文木のデータ定義 `"./Syntax.smi"` と smlyacc が生成するシグネチャファイル `"./CoreML.grm.sig"` の使用を宣言する．`_require` 宣言に続き，構文解析処理のインターフェイスを記述する．複雑であるが，枠で囲まれたところ以外はそのまま記述すればよい．ストラクチャ名は，`CoreML.grm` の `%name` で指定した名前に `LrVals` を付加した名前である．このストラクチャは，`Parser` と `Tokens` の 2 つのサブストラクチャを提供する．

`Parser` ストラクチャは LR 構文解析のための型と関数を定義する．`token` と `stream` はそれぞれ，字句解析処理が返す字句（トークン）とトークンストリームを表す抽象データ型である．`result` 型は構文解析関数が返す構文木

```
top : dec (dec)
dec : VAL ID EQUAL exp (Syntax.VAL(ID,exp))
    | FUN ID ID EQUAL exp (Syntax.FUN(ID1, ID2, exp))
exp : appexp (appexp)
    | IF exp THEN exp ELSE exp
      (Syntax.EXPIF(exp1, exp2, exp3))
    | FN ID DARROW exp (Syntax.EXPFN(ID, exp))
appexp : atexp (atexp)
       | appexp atexp (Syntax.EXPAPP(appexp, atexp))
atexp : const (const)
      | ID (Syntax.EXPID(ID))
      | LPAREN exp COMMA exp RPAREN
        (Syntax.EXPPAIR(exp1, exp2))
      | LPAREN exp RPAREN (exp)
      | HASH1 atexp (Syntax.EXPPROJ1 atexp)
      | HASH2 atexp (Syntax.EXPPROJ2 atexp)
      | prim LPAREN exp COMMA exp RPAREN
        (Syntax.EXPPRIM(prim, exp1, exp2))
const : INT (Syntax.INT(INT))
      | STRING (Syntax.STRING(STRING))
      | TRUE (Syntax.TRUE) | FALSE (Syntax.FALSE)
prim : EQ (Syntax.EQ) | ADD (Syntax.ADD) | SUB (Syntax.SUB)
     | MUL (Syntax.MUL) | DIV (Syntax.DIV)
```

図 **5.10**　CoreML.grm の文法規則定義セクション例

CoreML.grm.smi

```
_require "basis.smi"
_require "ml-yacc-lib.smi"
_require "./Syntax.smi"
_require "./CoreML.grm.sig"
structure CoreMLLrVals = struct
  structure Parser = struct
    type token (= boxed)
    type stream (= boxed)
    type result = Syntax.dec
    type pos = int
    type arg = unit
    exception ParseError
    val makeStream : {lexer:unit -> token} -> stream
    val getStream : stream -> token * stream
    val sameToken : token * token -> bool
    val parse : {lookahead:int, stream:stream, arg:arg,
                 error: (string * pos * pos -> unit)}
                 -> result * stream
  end
  structure Tokens = struct
    type pos = Parser.pos
    type token = Parser.token
    val VAL: pos * pos -> token
      ...
    val EOF: pos * pos -> token
  end
end
```

図 **5.11**　CoreML.grm.smi の定義

の型である．%start で指定した開始記号が返す値の型を指定する．本例の場合は，Syntax.smi で定義される dec 型である．makeStream は，字句解析関数を受け取りトークンストリームを生成する関数，getStream と sameToken は，それぞれ，トークンストリームからトークンを 1 つ読み出す関数，および 2 つのトークンの同一性をテストする関数である．parse が構文解析関数である．この関数は，トークンストリームを受け取り，構文解析結果と残りのトークンストリームを返す処理として提供されている．5.10.3 項でその具体的な使用例を示す．

Tokens ストラクチャは，CoreML.grm の %term で宣言される終端記号を生成する関数集合を定義する．各トークン名に対して，pos * pos を引数として token を返す関数が定義される．これらのトークン生成関数の型宣言は CoreML.grm.sig に生成されるのでその内容をコピーするとよい．

### 5.10.3　Lex と連携した構文解析器の呼び出し

構文解析を実行するには，smlyacc で生成された構文解析関数を，図 5.11 のインターフェイスで定義された関数の型に従い以下の手順で呼び出せばよい．

1. 字句解析処理を定義し，makeStream を字句解析関数に適用し，stream 型データを得る．
2. 構文エラー処理関数 parseError を定義し，stream 型データとともに，生成された構文解析関数の適用式を

```
CoreMLLrVals.Parse.parse
  {lookahead = 0, arg = (), stream = stream,
   error = parseError}
```

   と定義すれば，構文解析した結果の dec と残りのトークンストリームが得られる．対話型の実行も行う場合は，この例のように lookahead = 0 とする．arg は () でよい．

字句解析関数は，smllex 入力ファイル CoreML.lex を定義し smllex によって自動生成する．生成手順は 4.3 節の字句解析システムの作成と同一である．た

だし，smlyacc との連携のため，字句解析が返すトークン型は，CoreML.grm の %term 宣言によって CoreML.grm.sml モジュールに生成された Tokens.token 型とする．そのために，CoreML.lex のユーザ定義セクションに以下の宣言を加える必要がある．

```
structure Tokens = CoreMLLrVals.Tokens
type token = Tokens.token
type pos = Tokens.pos
type lexresult = Tokens.token
```

この宣言の下で，正規表現定義セクションでは，認識した各字句に対して対応するトークンを返すアクションを，以下の例のように記述する．

```
"fn" => (Tokens.FN (yypos,yypos+2));
```

生成される CoreML.lex.sml のインターフェイスは，CoreML.grm.smi の使用宣言を加えた以下のような内容となる．

CoreML.lex.smi

```
_require "basis.smi"
_require "ml-yacc-lib.smi"
_require "./CoreML.grm.smi"
structure CoreMLLex =
struct
  val makeLexer : (int -> string) -> unit
                  -> CoreMLLrVals.Tokens.token
end
```

## 5.11　構文解析のみを行う CoreML 処理系

構文解析のみを行う CoreML 処理系を実装してみよう．この処理系は，指定されたファイルをオープンし，セミコロンまでの先頭部分を構文解析し，得られた dec 型の値をプリントすることを繰り返す．システム構成は，lex

ディレクトリを parser ディレクトリに置き換えた以下の構造とする.

| ディレクトリ | モジュール | 機能 |
|---|---|---|
| main | Top | トップレベルの処理 |
| | Main | コマンド文字列解析，プログラム起動 |
| parser | CoreMLLex | 字句解析 (CoreML.lex.smi) |
| | CoreMLLrVals | 構文解析 (CoreML.grm.smi) |
| | Syntax | 構文木定義 (Syntax.smi) |
| | Parser | 構文解析呼び出し処理 |

CoreMLLex，CoreMLLrVals，および Syntax は 5.10 節で定義したモジュールである．機能的にはこの 3 つで十分であるが，CoreMLLrVals モジュールのインターフェイス CoreML.grm.smi は複雑であり扱いにくいため，より使いやすい以下のインターフェイスを持つ Parser モジュールを定義する．

Parser.smi

```
_require "basis.smi"
_require "./Syntax.smi"
_require "./CoreML.lex.smi"
_require "./CoreML.grm.smi"
structure Parser =
struct
  exception EOF
  exception ParseError = CoreMLLrVals.Parser.ParseError
  type stream (= CoreMLLrVals.Parser.stream)
  val doParse : stream -> Syntax.dec * stream
  val makeStream : TextIO.instream -> stream
end
```

構文解析の利用者は，makeStream で stream を生成し，doParse を適用し構文解析関数を実行すればよい．

doParse 関数実現のために，以下の補助関数を定義する．

```
structure P = CoreMLLrVals.Parser
structure T = CoreMLLrVals.Tokens
type stream = P.stream
fun print_error (s,pos1,pos2) =
  print ("Syntax error("
         ^ Int.toString pos1
         ^ "-" ^ Int.toString pos2 ^ ") :" ^ s ^ "\n")
fun discardSemicolons stream =
  let val (token, rest) = P.getStream stream
  in if P.sameToken (token, T.SEMICOLON (0,0)) then
      discardSemicolons rest
     else if P.sameToken (token,T.EOF (0,0)) then raise EOF
     else stream
  end
```

discardSemicolons 関数は，構文の区切り記号である連続したセミコロンを読み飛ばす処理である．文字列読み込み処理や字句解析処理における空白の読み飛ばしに相当する．ファイルの終了は，この関数の呼び出しの中で検出され，EOF 例外で通知される．これらの関数を使い，makeStream 関数と doParse 関数を以下のように定義する．

```
fun doParse stream =
  let val stream = discardSemicolons stream
      val (dec, stream) =
        P.parse {lookahead=0, stream=stream,
                 error=print_error,arg=()}
      val _ = print ("Parse result:\n"
                     ^ (Syntax.decToString dec) ^ "\n")
  in (dec, stream) end
```

```
fun makeStream inStream =
 let val lexer = CoreMLLex.makeLexer
                  (fn n => TextIO.inputN (inStream,1))
 in P.makeStream {lexer=lexer} end
```

doParse 関数では，今後の拡張性を考え，構文解析フェーズに依存する結果のプリントも行っている．Parser モジュールは，これらの関数定義を型と例外の定義とともにまとめた以下のストラクチャである．

Parser.sml

```
structure Parser =
struct
  exception EOF
  exception ParseError = CoreMLLrVals.Parser.ParseError
  補助関数定義
  doParse と makeStream 関数定義
end
```

構文解析のみを行う CoreML 処理系開発の残る仕事は，トップレベルモジュール Top の字句解析呼び出し処理を構文解析呼び出し処理に変更することである．まずインターフェイスファイルを，Parser.smi を利用するように変更する．

Top.smi

```
_require "basis.smi"
_require "../parser/Syntax.smi"
_require "../parser/Parser.smi"
structure Top =
struct
  val top : string -> unit
end
```

Top.sml
```
structure Top =
struct
  fun readAndPrintLoop stream =
    let val (dec, stream) = Parser.doParse stream
    in readAndPrintLoop stream end
  fun top file =
    let val inStream = case file of "" => TextIO.stdIn
                                  | _ => TextIO.openIn file
        val stream = Parser.makeStream inStream
    in readAndPrintLoop stream
       handle Parser.EOF => ()
            | Parser.ParseError => print "Syntax error\n";
       case file of "" => () | _ => TextIO.closeIn inStream
    end
end
```

図 **5.12** 構文解析のみを行う CoreML 処理系のトップレベルコード

このインターフェイスを実装する `Top.sml` は，4.4 節のコードの中の `lexer` の生成を `stream` の生成に変更し，`lexer` の呼び出しを `doParse` の呼び出しに変更すれば実現できる．定義の例を図 5.12 に示す．このコードには，問 3.3 で示唆した対話型モードのサポートも実装されている．

`Top.top` 関数のインターフェイスに変更はないため，`Main.sml` の変更は必要ない．以上で構文解析のみを行う CoreML 処理系の開発は終了である．字句解析処理と構文解析処理を smllex と smlyacc を使って生成したあと，以前同様に Makefile を作成しシステムを make するとコマンド `Main` が作成できる．コマンドの実行例を以下に示す．

```
$ ./Main
```

```
val x = 1;
Parse result:
val x = 1
```

## 5.12 練習問題

**問 5.1**　不要な非終端記号を含まない文脈自由文法 $G$ が $S$ 以外の非終端記号 $A$ に対する規則 $A \to \epsilon$ を含めば，$G$ は LR(0) 文法とはならないことを示せ．

**問 5.2**　文法 $G = (\{S\}, \Sigma, \{S \to \epsilon\}, S)$ を考える．

1. この文法が定義する言語 $L(G)$ は何か．
2. この文法が LR(0) 文法であることを，（拡張文法ではない $G$ そのものに対する）$D_G$ を構築することによって確かめよ．

**問 5.3**　「構文解析のみを行う CoreML 処理系」を，5.11 節の指示に従い，以下の手順で完成させ，テストを行い，5.11 節で示したような結果が得られることを確認せよ．

1. 式および宣言を文字列に変換する関数 `expToString` および `decToString` を書き `Syntax` モジュールのソースファイル `Syntax.sml` を完成せよ．
2. `CoreML.grm` を完成させ，インターフェイスファイル `CoreML.grm.smi` を定義せよ．
3. `Parser.sml` ファイルを完成せよ．
4. `Parser` モジュールとの連携のために，`CoreML.lex` ファイルを定義し直し，`CoreMLLex.smi` ファイルに必要な変更を加え，`CoreMLLex` モジュールを完成せよ．
5. `Top.smi` に必要な変更を加えよ．
6. Makefile を作成し smlyacc，smllex を実行したあと make を実行しコマンド `Main` を作成せよ．

# 第6章

# 型の解析と型推論

第3章で触れた通り，言語の定義とその解析は，

| | 構造 | 構成要素 | 定義の枠組み |
|---|---|---|---|
| 1 | 文字列 | アルファベット | 文字列集合 |
| 2 | 語彙 | 定数，名前，区切り記号など | 正規言語 |
| 3 | 文章 | 主語，述語，修飾句，文などの文法概念 | 文法 |

の3段階で行われる．プログラミング言語の場合，3段階目の構成要素は，式や宣言などのプログラムの構文要素である．第5章で学んだLR構文解析は，これらの構文要素間の文法の定義と解析に相当する．しかし，ここで用いた文法は文脈自由文法であった．確かに通常，プログラミング言語の参照マニュアルではBNF記法などの文脈自由文法で構文が記述されており，これらの構文の記述が文法と呼ばれることが多い．しかし，プログラミング言語を含むおよそすべての言語には文脈依存の種々の制約があり，それらの制約を満たさない文字列は，言語の文とは見なされない．したがって，文脈自由文法による構文構造の定義は，本来の意味での言語の文法の近似にすぎない．プログラミング言語の構文構造の厳密な定義のためには，文脈自由文法の定義の上に，さらに文脈依存の構造を定義する枠組みが必要である．

文脈に依存した種々の制約を含む文法も定義可能であるが，その体系的な

解析方法はほとんど知られていない．そこで，プログラミング言語の構文の定義と解析は，以下の2段階で行う戦略をとる．

| | 構造 | 構成要素 | 定義の枠組み |
|---|---|---|---|
| 1 | 文の構造 | 文の要素 | 文脈自由文法 |
| 2 | 文脈依存の制約 | 参照関係，型の関係 | 型理論（型システム） |

型理論とは，文脈に依存した制約を含む言語の要素間の種々の関係を，数理論理学の証明論の枠組みを使って定義する体系である．本章では，型理論を基礎とするプログラミング言語の型システムの定義とその解析方法を学ぶ．

## 6.1　型と型システムの考え方

プログラミング言語の型と型システムの技術的な定義を与える前に，本節では，文脈自由文法の限界を理解し，型理論の役割とその考え方を学ぶ．これらを理解するならば，高度な数学的体系と捉えられている型システムの定義や型推論アルゴリズムなども，コンパイラ構築上必要な言語の定義と解析の1ステップであることを見通しよく理解できるはずである．

### 6.1.1　文脈自由文法の限界

文法が言語の完全な統語規則であれば，言語の文法は，以下のような文脈依存の制約を含むはずである．

1. 名前の定義と参照関係
   通常言語には，変数や代名詞などの名前が含まれる．これらの名前は，その参照前に定義されていることが要求される．例えば，

   ```
   val x = (foo, 1)
   ```

   がMLの正しい宣言文であるためには，`foo`が，この宣言の時点で定義されていることが要求される．
2. 名前（関数や演算）の使われ方
   定義された関数や演算などの名前は，その定義された意味に従って，使い方が制約される．例えば，

```
val x = (fn (x,y) => x + y + 1) foo
```

が正しい宣言文であるためには，foo が，(1, 2) のような整数の組の値を表す変数であることが要求される．

これらの制約は，プログラミング言語に限らず，名前を含む言語に共通の当たり前のものであり，これらの制約を満たさない式（文）は，正しい文とは見なされない．しかし，これらの性質を文脈自由文法で定義することは困難である．例えば，名前の定義と参照の間には，任意の数の，例えば 1024 個の文の出現があるかもしれない．そのような任意の長さのギャップがある構文制約を文脈自由文法の規則として書き下すことはできない．また，2 番目の関数や演算の使われ方の場合でも，要求される制約の種類や大きさに制限はない．任意の $n$ に対して，$2^n$ 回ネストした組を要求する関数などを簡単に定義できる．これらの制約を満たす関数適用のみをすべて生成するような文脈自由文法を定義することは困難である．したがって，文脈自由文法のみでは言語の統語規則を正確に定義することはできない．

### 6.1.2 型の考え方

文脈自由文法の結果得られた構文木（文）に対して，文脈依存の制約を定義する枠組みが，型理論である．型理論は，論理学の証明論の考え方を基礎とし，各文の要素が文脈依存の性質を満たすという性質を，「文脈を表現する型の環境の下で，文の各要素は，文の制約に従う型を持つ」という述語を導出する枠組みである．

型理論の枠組みに入る前に，まず，通常理解されている型の概念を一通り復習してみよう．

1. 値の集合
   型の最も直感的かつ基本的な理解は，値の集合である．例えば対話型セッション

```
# val x = 1;
val = 1 : int
```

```
# val y = "cat";
val y = "cat" : string
```

で表示される int と string は，それぞれ,（プログラムで定義可能な）整数値の集合と文字列の集合を表している．

2. データ構造

型は，整数や文字列などの与えられた集合以外に，プログラムが生成するデータ構造も表現する．プログラムが生成しうるデータ構造には無限の種類があり，int などの名前をあらかじめ決めておくことはできない．種々の構造を表すために，すでに存在する型から新たな型を構成する型構成子が用意されている．例えば対話型セッション

```
# val p = (1,2) val p = (p,p) val p = (p,p) ;
val p =
  (((1, 2), (1, 2)), ((1, 2), (1, 2)))
  : ((int * int) * (int * int))
    * ((int * int) * (int * int))
```

で表示される p の型は，3重にネストした整数の組を表している．

3. 関数の振る舞い

データ構造は関数で操作される．型は，関数が，どのようなデータ構造を使ってどのようなデータ構造を生成するかを表現する．例えば

```
# val f = fn (x,y) => x + y + 1
> val f = fn (x,y) => (f x + f y)
> val f = fn (x,y) => (f x + f y);
val f = fn : ((int * int) * (int * int))
             * ((int * int) * (int * int))
             -> int
```

における f の型は，変数 f が3重にネストした整数の組を受け取り，整数を返す関数であることを表している．

4. 関数の汎用性

高階の関数は，特定のデータ構造の操作や生成に加えて，種々の関数やデータ構造を特定のパターンで組み合わせる役割を果たす．さらに，多くの場合，高階の関数は，個々のデータ構造に共通の汎用性ある振る舞いをする．型はこのような関数の汎用性を表現する．以下に典型的な例を示す．

```
# fun twice x = f (f x);
val id = fn : ['a .('a -> 'a) -> 'a -> 'a]
# fun map f nil = nil
>   | map f (h::t) = f h :: map f t;
val map = fn : ['a.('a -> 'b) -> 'a list -> 'b list]
```

twice は，関数 f と引数 x を受け取り，f を x に 2 回適用し，それ以外の操作を含まないため，種々の関数に適用可能な汎用性を持つ．map のコードも，リストの要素の型に依存しないため，種々の要素のリストに適用可能な汎用性を持つ．これらの 2 つの関数の型は，それぞれの関数の汎用性を表現している．

### 6.1.3　型理論の枠組み

以上概観した通り，型は，値の構造や性質を表す述語である．関数を含め種々の値の性質を表現するために十分な型の集合を用意すれば，プログラムが計算する値の性質を記述することができる．型の集合を $Type$ とし，その要素をメタ変数 $\tau$ で代表することにする．値 $v$ が型 $\tau$ の性質を満たすことを $v : \tau$ と書くことにすると，1 : int や (1,2) : int * int は真である．

型理論の本質は，この値の性質を表す型を，式の述語として用いることである．式は値ではないから，値の述語を適用することはできない．例えば int を値の述語と解釈すれば，変数 x に対する文 x : int は意味をなさない．式の述語として型は，その式をコンパイルして実行した結果得られるであろう値が満たすべき性質を表現する．型理論は，この性質を，式をコンパイルし実行することなしに，論理的な推論規則の組み合わせで表現する枠組みである．

この解釈に従い，$e$ が型 $\tau$ の性質を満たすことを仮に $e : \tau$ と書くことにすると，式自身が値を表す `99` などの定数式の場合は，値の型に従い，`99 : int` が成り立つと期待される．しかし，例えば `x + y` などの変数を含む式は，その式のみでは，`int` などの型が表す述語を満たすか否かを判定することは不可能である．`x` の値は，`x` の定義，すなわち変数 `x` の値への束縛に依存するからである．

変数の値への束縛は，その変数が出現するプログラムの文脈によって計算され，環境に格納される．式の出現箇所を $[\,]$ で表すと，式の文脈は，$[\,]$ を含む

```
val x = 99 val y = 88 val z = [ ]
```

のようなプログラム断片で表現できる．この文脈は，変数 `x` と `y` を束縛する環境 $\{\mathtt{x} : 99, \mathtt{y} : 88\}$ を生成する．この変数の値への束縛を型の観点からみると，$\{\mathtt{x} : \mathtt{int}, \mathtt{y} : \mathtt{int}\}$ で表される変数の型の制約と捉えることができる．文脈が生成する変数の型に関する制約を型環境と呼び，メタ変数 $\Gamma$ で代表する．型環境 $\Gamma = \{x_1 : \tau_1, \ldots, x_n : \tau_n\}$ が与えられれば，変数 $\{x_1, \ldots, x_n\}$ を含む式 $e$ が型 $\tau$ が表す条件を満たすか否かを判定できる．この判定を

$$\Gamma \vdash e : \tau$$

と書き，型判定と呼ぶ．例えば，型判定

$$\{\mathtt{x} : \mathtt{int}, \mathtt{y} : \mathtt{int}\} \vdash \mathtt{x\ +\ y} : \mathtt{int}$$

が成立するはずである．

このような型判定は，仮定の集合 $\Delta$ の下で論理式 $A$ が成り立つことを表す $\Delta \vdash A$ の形の論理学の命題と同じ性質を持つ．型システムは，命題を証明するための推論規則と同じ形の規則を定義し，式の型判定を導出するシステムである．型システムは，式の文脈を表す型環境 $\Gamma$ を含む推論システムであるため，文脈自由文法では表現できない文脈依存の制約が表現できる．

## 6.2　型システムの定義

型システムを定義するために，5.10.1 項で定義した CoreML 言語の式だけを取り出した言語を考え，その文法を抽象的に定義する．式の構文は，式，定数，演算を表すメタ変数 $e$，$c$，$p$ を用いて以下のように簡潔に記述できる．

$$
\begin{aligned}
e &::= x \mid c \mid \texttt{fn}\ x\ \texttt{=>}\ e \mid e\ e \mid (e\texttt{,}e) \mid \texttt{\#1}\ e \mid \texttt{\#2}\ e \\
&\quad \mid \texttt{prim}(p\texttt{,}\ e\texttt{,}\ e) \mid \texttt{if}\ e\ \texttt{then}\ e\ \texttt{else}\ e \\
c &::= \langle n \rangle \mid \langle s \rangle \mid \texttt{true} \mid \texttt{false} \\
p &::= \texttt{eq} \mid \texttt{add} \mid \texttt{sub} \mid \texttt{mul} \mid \texttt{div}
\end{aligned}
$$

型システムの定義では，構文木の集合をこのような抽象的な文法で定義することがよく行われる．この定義では，構文解析上の問題，例えば `#1 x y z` などがどのように解釈されるかは，すでに構文解析フェーズで解決済みと仮定されている．以降，メタ変数 $c$ と $p$ を文法の非終端記号としても使用する．

この式の型システムを定義するために，まず，式の性質を記述する上で十分な型の集合を定義する必要がある．式は，原子型 `int`，`string` および `bool` の定数を含み，組と関数を定義し利用することができる．さらに，関数定義などは（潜在的に）多相性を持ちうる．そこで，型の集合 $Type$ を，多相型の表現に必要な型変数（メタ変数 $t$ で代表する）を含む以下の文法で与えられる集合とする．

$$
\tau ::= t \mid \texttt{int} \mid \texttt{string} \mid \texttt{bool} \mid \tau \to \tau \mid \tau * \tau
$$

型環境 $\Gamma$ を，変数の有限集合から型への関数と定義する．関数 $\Gamma$ の定義域 $dom(\Gamma)$ はその時点で定義されている変数の集合であり，定義されている各変数 $x \in dom(\Gamma)$ について，$\Gamma(x)$ は，その変数の型制約である．具体的な型環境を $\{x_1 : \tau_1, \ldots, x_n : \tau_n\}$ と書く．与えられた $\Gamma_1$ と $\Gamma_2$ に対して，記法 $\Gamma_1\Gamma_2$ で，$\Gamma_1$ と $\Gamma_2$ から作られる以下の $\Gamma'$ を表すことにする．

$$
\begin{aligned}
dom(\Gamma') &= dom(\Gamma_1) \cup dom(\Gamma_2) \\
\Gamma'(x) &= \begin{cases} \Gamma_2(x) & (x \in dom(\Gamma_2)) \\ \Gamma_1(x) & (x \notin dom(\Gamma_2)) \end{cases}
\end{aligned}
$$

特に$\Gamma\{x:\tau\}$は，もし$\Gamma$が$x$を含めばその型制約を$\tau$に変更し，$x$を含まなければ$x$の型制約$\{x:\tau\}$を加えて得られる型環境を表す．

型システムを，型判定$\Gamma \vdash e:\tau$を導出する規則の集合として定義する．各規則は，式に含まれる部分式の型判定を使い式全体の型判定を導く推論規則である．式$e$が部分式$e_1$を含む場合，規則

$$(\text{規則名})\quad \frac{\Gamma_1 \vdash e_1 : \tau_1}{\Gamma_2 \vdash e : \tau_2}\quad (\text{条件})$$

の形となり，部分式$e_1$と$e_2$を含む式の場合，規則は

$$(\text{規則名})\quad \frac{\Gamma_1 \vdash e_1 : \tau_1 \qquad \Gamma_2 \vdash e_2 : \tau_2}{\Gamma \vdash e : \tau}\quad (\text{条件})$$

の形をとる．これらの規則は，横に引いた線の上の各判定が成り立てば，線の下の判定が成り立つことを表す．例えば，部分式$e_1$と$e_2$を含む規則は,「もし$\Gamma_1 \vdash e_1 : \tau_1$と$\Gamma_2 \vdash e_2 : \tau_2$がともに成り立てば，$\Gamma \vdash e : \tau$が成り立つ」ことを意味する．部分式を持たない式に対する規則は,

$$(\text{規則名})\quad \Gamma \vdash e : \tau \qquad (\text{条件})$$

の形であり，条件を満たせば判定$\Gamma \vdash e:\tau$が常に成立することを表す．

CoreMLの式の型システムを図6.1に与える．各規則の直感的な意味を順に説明する．規則(var)は，変数が環境に定義されていれば，その変数は定義された型を持つことを表している．規則(const)は，定数はどのような文脈でも常に，それぞれの型を持つことを表している．規則(fn)は,「もし式$e$が，現在の型環境に変数$x$の型制約$\{x:\tau_1\}$を追加した型環境で型$\tau_2$を持てば，関数式`fn` $x$ `=>` $e$は関数型$\tau_1 \to \tau_2$を持つ」という規則を表している．この規則において，もし$\Gamma$に$x$の型制約が含まれていれば，$\Gamma\{x:\tau\}$はそれを上書きし$x$の型を$\tau$に変更する．この機構により，仮引数のスコープが$e$に限定される．CoreMLの式では，関数構文が，変数を定義する唯一の構文である．この規則は，変数の定義と参照の制約を表現している．規則(app)は，関数はその引数型を持つ式に適用でき，その結果の型は，関数の結果の型であるという関数適用の規則を表現している．この規則で複数回現れる同

$$\text{(var)} \quad \Gamma \vdash x : \tau \quad (x \in dom(\Gamma), \Gamma(x) = \tau)$$

$$\text{(const)} \quad \Gamma \vdash c : b \quad (\text{定数}\ c\ \text{の型が}\ b\ \text{の場合})$$

$$\text{(fn)} \quad \frac{\Gamma\{x : \tau_1\} \vdash e_1 : \tau_2}{\Gamma \vdash \texttt{fn}\ x\ \texttt{=>}\ e_1 : \tau_1 \to \tau_2}$$

$$\text{(app)} \quad \frac{\Gamma \vdash e_1 : \tau_1 \to \tau_2 \quad \Gamma \vdash e_2 : \tau_1}{\Gamma \vdash e_1\ e_2 : \tau_2}$$

$$\text{(pair)} \quad \frac{\Gamma \vdash e_1 : \tau_1 \quad \Gamma \vdash e_2 : \tau_2}{\Gamma \vdash \texttt{(}e_1\texttt{,}\ e_2\texttt{)} : \tau_1 * \tau_2}$$

$$\text{(proj)} \quad \frac{\Gamma \vdash e : \tau_1 * \tau_2}{\Gamma \vdash \texttt{\#}i\ \ e : \tau_i} \quad (i \in \{1, 2\})$$

$$\text{(prim)} \quad \frac{\Gamma \vdash e_1 : \texttt{int} \quad \Gamma \vdash e_2 : \texttt{int} \quad \tau = \begin{cases} \texttt{bool} & (p = \texttt{eq}) \\ \texttt{int} & (p \neq \texttt{eq}) \end{cases}}{\Gamma \vdash \texttt{prim(}p\texttt{,}\ e_1\texttt{,}\ e_2\texttt{)} : \tau}$$

$$\text{(if)} \quad \frac{\Gamma \vdash e_1 : \texttt{bool} \quad \Gamma \vdash e_2 : \tau \quad \Gamma \vdash e_3 : \tau}{\Gamma \vdash \texttt{if}\ e_1\ \texttt{then}\ e_2\ \texttt{else}\ e_3 : \tau}$$

**図 6.1** CoreML 式の型システム

一の $\Gamma$ や $\tau_1$ は，それらが同じでなければならない制約を表している．規則 (pair) と (proj) は，組の構成と組からの値の取り出しが従う自然な規則である．規則 (prim) は，整数演算の引数の条件と結果の型を表現している．規則 (if) は，条件式 $e_1$ が `bool` 型を持ち，条件の結果評価される式 $e_2$ と $e_3$ は同じ型を持たねばならず，その型がこの式全体の型となるという規則を表現している．

図 6.1 に与えた型つけ規則の集合は，型判定 $\Gamma \vdash e : \tau$ を導出するシステムを定義している．型判定 $\Gamma \vdash e : \tau$ の導出とは，型判定 $\Gamma \vdash e : \tau$ をルートとし，各ノードが推論規則の適用によって構成される木構造である．前提を持たない規則 (var) と (const) は，型判定それ自身が 1 つのノードのみから

- 式 f x の導出木 $\mathcal{T}_1$

$$\dfrac{\dfrac{}{\{\mathtt{f}:\tau\to\tau,\mathtt{x}:\tau\}\vdash\mathtt{f}:\tau\to\tau}\,(\mathrm{var})\quad\dfrac{}{\{\mathtt{f}:\tau\to\tau,\mathtt{x}:\tau\}\vdash\mathtt{x}:\tau}\,(\mathrm{var})}{\{\mathtt{f}:\tau\to\tau,\mathtt{x}:\tau\}\vdash\mathtt{f\ x}:\tau}\,(\mathrm{app})$$

- 導出木 $\mathcal{T}_1$ を含んだ式 fn f => fn x => f (f x) の導出木

$$\dfrac{\dfrac{\dfrac{\dfrac{}{\{\mathtt{f}:\tau\to\tau,\mathtt{x}:\tau\}\vdash\mathtt{f}:\tau\to\tau}\,(\mathrm{var})\qquad\mathcal{T}_1}{\{\mathtt{f}:\tau\to\tau,\mathtt{x}:\tau\}\vdash\mathtt{f\ (f\ x)}:\tau}\,(\mathrm{app})}{\{\mathtt{f}:\tau\to\tau\}\vdash\mathtt{fn\ x\ =>\ f\ (f\ x)}:\tau\to\tau}\,(\mathrm{fn})}{\emptyset\vdash\mathtt{fn\ f\ =>\ fn\ x\ =>\ f\ (f\ x)}:(\tau\to\tau)\to\tau\to\tau}\,(\mathrm{fn})$$

**図 6.2**　型判定の導出例

なる導出木であることを表している．例えば規則 (var) は，$x \in dom(\Gamma)$ かつ $\Gamma(x) = \tau$ なら，型判定 $\Gamma \vdash x : \tau$ そのものが導出木である．このような1行のみの導出木を

$$\dfrac{}{\Gamma \vdash x : \tau}\,(\mathrm{var})$$

と書くことにする．前提から結論を導く (app) などの規則は，前提の型判定の導出を受け取り，結論の型推論の導出を構成する規則と理解できる．型判定 $\Gamma \vdash e : \tau$ の導出木を $\mathcal{T}(\Gamma \vdash e : \tau)$ と書くことにすると，例えば規則 (app) は，2つの導出木 $\mathcal{T}_1(\Gamma \vdash e_1 : \tau_1 \to \tau_2)$ と $\mathcal{T}_2(\Gamma \vdash e_2 : \tau_1)$ から，新しい導出木

$$\dfrac{\mathcal{T}_1(\Gamma \vdash e_1 : \tau_1 \to \tau_2) \quad \mathcal{T}_2(\Gamma \vdash e_2 : \tau_1)}{\Gamma \vdash e_1\ e_2 : \tau_2}\,(\mathrm{app})$$

を構成する規則である．導出木を記述する場合は，このように，ノードに使われている規則名をノードの右側に注釈として記述する．図 6.2 に型判定の導出の例を示す．

## 6.3　型の解析

式の型の正しさ，つまり式を構成する各部分式が，参照関係などの文脈依存の制約を含む整合性制約を満たす式であるという性質は，その式に対して，

型システムが定義する型判定の導出が存在すること，と定義される．したがって，式の型の正しさをチェックするためには，型判定の導出が存在するか否かを判定する必要がある．式 $e$ に対して導出可能な型判定の集合を $Typing(e)$ と書く．明示的に書き下すと，

$$Typing(e) = \{\Gamma \vdash e : \tau \mid \Gamma \vdash e : \tau \text{の導出が存在する}\}$$

となる．

式の型の正しさを判定する問題を型推論問題と呼ぶことにする．最も一般的な型推論問題は，以下のように定式化できる．

**型推論問題** 式 $e$ に対して，集合 $Typing(e)$ を求めよ．

この問題が解決できれば，以下のいずれの形の問題も解決できる．

1. $\Gamma \vdash e : \tau$ が導出可能か否か決定せよ．
2. 式 $e$ に対する型判定導出が存在するか決定せよ．
3. 式 $e$ に対する型判定の導出を 1 つ求めよ．

集合 $Typing(e)$ は一般に無限集合である．例えば変数の場合，

$$Typing(x) = \{\Gamma\{x : \tau\} \vdash x : \tau \mid \Gamma,\ \tau \text{任意}\}$$

である．そこで，型推論問題を解くためには，集合 $Typing(e)$ の有限な表現と，与えられた任意の $e$ に対して，$Typing(e)$ を構築するアルゴリズムの開発が必要となる．

### 6.3.1 型判定の集合の表現

型には型変数が含まれている．型変数は型の集合の要素を値として持つ変数である．型代入 $S$ を，型変数の有限集合から型への関数とする．$dom(S) = \{t_1, \ldots, t_n\}$ であり，$S(t_i) = \tau_i (1 \leq i \leq n)$ であるような型代入 $S$ を $\{t_1 : \tau_1, \ldots, t_n : \tau_n\}$ と書く．型代入 $S$ は型全体の集合へ自然に拡張される．$S$ の

*Type* への拡張 $\hat{S}$ を以下のように定義する．

$$
\begin{aligned}
\hat{S}(t) &= t \quad (t \notin dom(S)) \\
\hat{S}(t) &= S(t) \quad (t \in dom(S)) \\
\hat{S}(b) &= b \quad (b \in \{\mathtt{int}, \mathtt{bool}, \mathtt{string}\}) \\
\hat{S}(\tau_1 \to \tau_2) &= \hat{S}(\tau_1) \to \hat{S}(\tau_2) \\
\hat{S}(\tau_1 * \tau_2) &= \hat{S}(\tau_1) * \hat{S}(\tau_2)
\end{aligned}
$$

$\tau$ に含まれる型変数の集合を $FTV(\tau)$ と書く．$\hat{S}(\tau)$ は，$\tau$ に含まれかつ $S$ の定義域に入っている型変数 $t \in (dom(S) \cap FTV(\tau))$ を，すべて同時に $S(t)$ で置き換えて得られる型である．例えば，$\tau = t_1 \to t_2$，$S = \{t_1 : t, t_2 : t\}$ のとき，$\hat{S}(\tau) = t \to t$ である．さらにこの関数 $\hat{S}$ は，型を含んだ種々の構造に拡張される．例えば型環境 $\Gamma = \{x_1 : \tau_1, \ldots, x_n : \tau_n\}$ に対して，$\hat{S}(\Gamma) = \{x_1 : \hat{S}(\tau_1), \ldots, x_n : \hat{S}(\tau_n)\}$ である．以降，型代入 $S$ とその拡張 $\hat{S}$ を同一視し，$\hat{S}$ を単に $S$ と書くことにする．

型判定 $\Gamma \vdash e : \tau$ に対して集合 $Instances(\Gamma \vdash e : \tau)$ を以下のように定義する．

$$
Instances(\Gamma \vdash e : \tau) = \{\Gamma' S(\Gamma) \vdash e : S(\tau) \mid \Gamma',\ S \text{ 任意 }\}
$$

型判定 $\Gamma \vdash e : \tau$ は，$Instances(\Gamma \vdash e : \tau)$ を代表していると見なすことができる．例えば，$\{x : t\} \vdash x : t$ に対して

$$
Instances(\{x : t\} \vdash x : t) = \{\Gamma\{x : \tau\} \vdash x : \tau \mid \Gamma,\ \tau \text{ 任意 }\}
$$

であるから，$\{x : t\} \vdash x : t$ は $\Gamma\{x : \tau\} \vdash x : \tau$ の形の無限の型判定を代表している．型判定 $\Gamma \vdash e : \tau$ に対して，型判定 $\Gamma' \vdash e : \tau'$ が $Instances(\Gamma \vdash e : \tau)$ の要素のとき，

- $\Gamma' \vdash e : \tau'$ は $\Gamma \vdash e : \tau$ のインスタンスである．
- $\Gamma \vdash e : \tau$ は $\Gamma' \vdash e : \tau'$ より一般的である．

という．

以上の準備の下で，型推論問題を解くための以下のような戦略を立てることができる．

**型推論戦略**　式 $e$ に対して，

$$Instances(\Gamma \vdash e : \tau) = Typing(e)$$

となる特別な型判定 $\Gamma \vdash e : \tau$ の構築を試みる．

この性質を満たす特別な型判定を主要な型判定と呼ぶ．もちろんこの戦略が成功するためには，任意の $e$ について，主要な型判定が存在しなければならない．この性質は，型システムの定義によって満たされないこともあるが，図 6.1 で定義した型システムの場合，幸いにもこの性質が成立する．例えば，$x$ に対する主要な型判定は $\{x : t\} \vdash x : t$ である．

### 6.3.2　主要な型判定の合成戦略

型推論問題を解く基本戦略は，主要な型判定を構築するアルゴリズムの開発である．前項で例示した通り，変数 $x$ に対しては，その主要な型判定が存在する．定数に対しても，主要な型判定が存在する．例えば整数定数 $n$ の主要な型判定は $\emptyset \vdash n : \texttt{int}$ である．したがって，前提を持たない規則 (var), (const) で型つけされる式の主要な型判定は構築できることがわかる．直面する課題は，部分式を持つ（したがって前提を持つ型つけ規則に従う）式の主要な型判定構築方法の開発である．ML プログラミングと同様，主要な型判定を構築する上で我々が持っている道具は，帰納法，つまり，アルゴリズムを再帰的に使って解く方法である．この方法は，アルゴリズムが部分式に対して計算した主要な型判定を使って，式全体に対応する主要な型判定を構築する．

この方法の概要を理解するために，規則 (app)，(pair) および (fn) を例に，主要な型判定の再帰的な構築手順を見てみよう．まず型つけ規則

$$(\mathrm{app})\ \frac{\Gamma \vdash e_1 : \tau_1 \to \tau_2 \quad \Gamma \vdash e_2 : \tau_1}{\Gamma \vdash e_1\ e_2 : \tau_2}$$

の場合を考えてみよう．帰納法の考え方に従い，アルゴリズムを再帰的に使っ

て $e_1$ と $e_2$ の主要な型判定 $\Gamma_1 \vdash e_1 : \tau_{e_1}$ と $\Gamma_2 \vdash e_2 : \tau_{e_2}$ が得られたとする．この2つから $e_1\ e_2$ に対する主要な型判定 $\Gamma_3 \vdash e_1\ e_2 : \tau_e$ を構築する必要がある．このためには，これら2つの主要な型判定を，型つけ規則が要求する制約を満たすように制限する必要がある．型つけ規則は，型環境 $\Gamma_1$ と $\Gamma_2$ が等しく，$\tau_{e_1}$ は $\tau_1 \to \tau_2$ の形の関数型であり，さらに，$\tau_1$ と $\tau_2$ はそれぞれ型 $\tau_{e_2}$ および型 $\tau_e$ と等しいことを要求している．これらの規則が課す制約は，型に関する等式を使って表現することができる．具体的な例として $e_1 = \mathtt{x}$ と $e_2 = \mathtt{y}$ の場合を考えてみよう．それぞれの主要な型判定は，$\{\mathtt{x} : t_1\} \vdash \mathtt{x} : t_1$ と $\{\mathtt{y} : t_2\} \vdash \mathtt{y} : t_2$ である．型に関する制約は，結果の型 $\tau_e$ を新しい型変数 $t_3$ として，等式

$$t_1 = t_2 \to t_3$$

で表現できる．型環境に関する制約は，それぞれの型環境の集合和 $\{\mathtt{x} : t_1, \mathtt{y} : t_2\}$ とすれば満たされる．等式が表す型代入 $\{t_1 : t_2 \to t_3\}$ を適用すると，以下の導出が得られる．

$$\dfrac{\dfrac{}{\{\mathtt{x} : t_2 \to t_3, \mathtt{y} : t_2\} \vdash \mathtt{x} : t_2 \to t_3}\ (\mathrm{var}) \quad \dfrac{}{\{\mathtt{x} : t_2 \to t_3, \mathtt{y} : t_2\} \vdash \mathtt{y} : t_2}\ (\mathrm{var})}{\{\mathtt{x} : t_2 \to t_3, \mathtt{y} : t_2\} \vdash \mathtt{x}\ \mathtt{y} : t_3}\ (\mathrm{app})$$

この導出に含まれる部分導出は，それぞれの部分式の主要な型判定に，型つけ規則が課す制約を加えて得られたものであるから，この導出の結論が x y に対する主要な型判定となる．

次に，(x,x) に対する規則 (pair) の適用例を考えてみよう．前提となる主要な型判定は，同一の x に対する $\{\mathtt{x} : t_1\} \vdash \mathtt{x} : t_1$ と $\{\mathtt{x} : t_2\} \vdash \mathtt{x} : t_2$ の2つの型判定である．規則 (pair) は，

$$(\mathrm{pair})\quad \dfrac{\Gamma \vdash e_1 : \tau_1 \quad \Gamma \vdash e_2 : \tau_2}{\Gamma \vdash (e_1, e_2) : \tau_1 * \tau_2}$$

であるから，結果の型は $t_1 * t_2$ である．さらに，型環境 $\{\mathtt{x} : t_1\}$ と $\{\mathtt{x} : t_2\}$ を同一にする必要がある．この条件は，型の等式

$$t_1 = t_2$$

で表現できる．以上から，求めた 2 つの主要な型判定に，等式が表す型代入 $\{t_1 : t_2\}$ を適用して，以下の導出を得る．

$$\dfrac{\dfrac{}{\{\mathtt{x} : t_2\} \vdash \mathtt{x} : t_2}\ (\mathrm{var}) \quad \dfrac{}{\{\mathtt{x} : t_2\} \vdash \mathtt{x} : t_2}\ (\mathrm{var})}{\{\mathtt{x} : t_2\} \vdash (\mathtt{x}, \mathtt{x}) : t_2 * t_2}\ (\mathrm{pair})$$

この結論となる型判定が，`(x,x)` に対する主要な型判定である．

最後のパターンは規則 (fn) の場合である．規則は，

$$(\mathrm{fn}) \quad \dfrac{\Gamma\{x : \tau_1\} \vdash e_1 : \tau_2}{\Gamma \vdash \mathtt{fn}\ x\ \mathtt{=>}\ e_1 : \tau_1 \to \tau_2}$$

である．この場合も，再帰的な型判定の合成戦略の考え方に従い，まず，式 $e_1$ の主要な型判定を計算することになる．その後の型環境の扱いに関して，`fn x => x` と `fn x => 1` で代表される 2 つの場合があるので，この 2 つを例に合成手段を見てみよう．`fn x => x` の場合，$e_1 = \mathtt{x}$ に対する主要な型判定 $\{\mathtt{x} : t_1\} \vdash \mathtt{x} : t_1$ を得る．この場合は，$\{\mathtt{x} : t_1\}$ を $\emptyset\{\mathtt{x} : t_1\}$ と考えることにより，型つけ規則における型判定の条件をすでに満たしている．また結果の型は $t_1 \to t_1$ である．そこで以下の導出が得られる．

$$\dfrac{\dfrac{}{\{\mathtt{x} : t_1\} \vdash \mathtt{x} : t_1}\ (\mathrm{var})}{\emptyset \vdash \mathtt{fn\ x\ =>\ x} : t_1 \to t_1}\ (\mathrm{fn})$$

この結論が `fn x => x` の主要な型判定である．次に `fn x => 1` の場合を見てみよう．この場合も $e_1 = 1$ の主要な型判定を計算し，$\emptyset \vdash 1 : \mathtt{int}$ を得る．型つけ規則で，`1` に対して，$\Gamma\{\mathtt{x} : \tau\}$ なる形の型環境が要求されているので，$\Gamma = \emptyset$ とし，さらに任意の型変数 $t$ を取り，$\emptyset\{\mathtt{x} : t\}$ と考え，結果の型を $t \to \mathtt{int}$ とすればよいことがわかる．そこで，以下の型判定を得る．

$$\dfrac{\dfrac{}{\{\mathtt{x} : t\} \vdash 1 : \mathtt{int}}\ (\mathrm{var})}{\emptyset \vdash \mathtt{fn\ x\ =>\ 1} : t \to \mathtt{int}}\ (\mathrm{fn})$$

この導出の結論が `fn x => 1` の主要な型判定である．

### 6.3.3　型の単一化

前項で，構造を持った任意の式の主要な型を再帰的に合成する上で行わなければならない主要なパターンを学んだ．これらの合成パターンを，それぞれの式の形に応じて再帰的に型判定を合成する処理として書き下せば，主要な型判定を計算するアルゴリズムが得られるはずである．部分式の主要な型判定を合成するためは，部分式の型判定に対して型規則が課す制約を，型の等式として表現し，その等式の解を型代入として求め，その型代入を型判定に適用する必要がある．このための基本技術が型の単一化である．

$E$ を型の組の集合とする．すべての $(\tau_1, \tau_2) \in E$ について，$S(\tau_1) = S(\tau_2)$ となる型代入 $S$ を $E$ の単一化という．単一化 $S$ は，$E$ を，$E$ に含まれる型変数 $\{t_1, \ldots, t_m\}$ に関する連立方程式と考えたときの方程式の解に相当する．

具体的な例として，以下の型の等式集合を考える．

$$E_1 = \{(t, t_1 \to t_2 \to t_3), (t_1, t_2 \to t_4), (t_1, t_4 \to t_3)\}$$

算術の連立方程式を，変数への代入と式の同値変形を繰り返して解くことができるように，この型の方程式も，型変数への代入（型代入の適用）と等式の変形によって解くことができる．図 6.3 に，$E$ の解を求めるステップの例を示す．この例では，型の等式の集合を $E_1$ から $E_6$ の順に変形し，各ステップで得られた解 $S_1$ から $S_6$ を代入の形で示している．

6.2 節で定義した型の集合のように，変数を含んだ木構造で表現できる項の場合，項の連立方程式を解くアルゴリズム，すなわち項の単一化アルゴリズムが存在し，それは種々の場面で広く使用されている．型の等式集合に対する単一化アルゴリズムを定義するために，まず，$E$ と $S$ をどちらも型の組の集合とし，それらの組 $(E, S)$ に対する変形規則

$$(E, S) \Longrightarrow (E', S')$$

を定義する．$E$ はこれから単一化をしようとする型の等式集合，$S$ は，$t = \tau$ の形の「すでに解けている」型の等式集合を表す．変形の各ステップにおいて，$S$ に関して，$\{(t_1, \tau_1), \ldots, (t_n, \tau_n)\}$ の形の集合でかつ $t_1, \ldots, t_n$ はすべて

| $i$ | $E_i$ | $S_i$ |
|---|---|---|
| 1 | $\left\{\begin{array}{ll} t & = t_1 \to t_2 \to t_3 \\ t_1 & = t_2 \to t_4 \\ t_1 & = t_4 \to t_3 \end{array}\right\}$ | $\{\}$ |
| 2 | $\left\{\begin{array}{l} t_1 = t_2 \to t_4 \\ t_1 = t_4 \to t_3 \end{array}\right\}$ | $\left\{ t : t_1 \to t_2 \to t_3 \right\}$ |
| 3 | $\left\{ t_2 \to t_4 = t_4 \to t_3 \right\}$ | $\left\{\begin{array}{l} t : (t_2 \to t_4) \to t_2 \to t_3 \\ t_1 : t_2 \to t_4 \end{array}\right\}$ |
| 4 | $\left\{\begin{array}{l} t_2 = t_4 \\ t_4 = t_3 \end{array}\right\}$ | $\left\{\begin{array}{l} t : (t_2 \to t_4) \to t_2 \to t_3, \\ t_1 : t_2 \to t_4 \end{array}\right\}$ |
| 5 | $\left\{ t_4 = t_3 \right\}$ | $\left\{\begin{array}{l} t : (t_4 \to t_4) \to t_4 \to t_3, \\ t_1 : t_4 \to t_4, \\ t_2 : t_4 \end{array}\right\}$ |
| 6 | $\{\}$ | $\left\{\begin{array}{l} t : (t_3 \to t_3) \to t_3 \to t_3, \\ t_1 : t_3 \to t_3, \\ t_2 : t_3, \\ t_4 : t_3 \end{array}\right\}$ |

**図 6.3** 型の連立方程式の解を求めるステップの例

異なる，という条件を維持することにする．この条件により，$S$ はそれ自身，型代入の表現となっている．各変形規則を，$E$ の中の組 $(\tau_1, \tau_2)$ を 1 つ取り出し，その組の形による場合分けを行う操作として定義する．この操作の表現のために，$E$ から $(\tau_1, \tau_2)$ を 1 つ取り出し残りを $E'$ とする操作を $\{(\tau_1, \tau_2)\} \uplus E'$ と書く．変形規則の集合を図 6.4 に与える．規則 (u-ii) で型変数への代入が実行されている．この中で使われている条件 $t \notin FTV(\tau)$ は，$\{t : \tau\}$ が $t = \tau$ の解となる条件であり，occur check と呼ばれる．

図 6.3 で示した例は，この変形規則の適用例になっている．以下の関係を

(u-i) $(\{(\tau, \tau)\} \uplus E,\ S) \Longrightarrow (E,\ S)$

(u-ii) $(\{(t, \tau)\} \uplus E,\ S) \Longrightarrow (\{t : \tau\}(E),\ \{(t, \tau)\} \cup \{t : \tau\}(S))$
（ただし $t \notin FTV(\tau)$ のとき．$(\tau, t)$ に対しても同様の規則を仮定．）

(u-iii) $(\{(\tau_1^1 \to \tau_1^2,\ \tau_2^1 \to \tau_2^2)\} \uplus E,\ S) \Longrightarrow (\{(\tau_1^1, \tau_2^1), (\tau_1^2, \tau_2^2)\} \cup E,\ S)$

(u-iv) $(\{(\tau_1^1 * \tau_1^2,\ \tau_2^1 * \tau_2^2)\} \uplus E,\ S) \Longrightarrow (\{(\tau_1^1, \tau_2^1), (\tau_1^2, \tau_2^2)\} \cup E,\ S)$

**図 6.4**　型の単一化を実現する変形規則

確認することができる．

$$(E_1, S_1) \Longrightarrow (E_2, S_2) \Longrightarrow (E_3, S_3) \Longrightarrow (E_4, S_4) \Longrightarrow (E_5, S_5) \Longrightarrow (E_6, S_6)$$

この変形関係を 0 回以上適用して得られる関係を $(E, S) \stackrel{*}{\Longrightarrow} (E', S')$ と書く．この関係を用いて，型の単一化アルゴリズムを以下のように定義する．

**アルゴリズム 6.1　（型の単一化）**

$$\mathcal{U}(E) = \begin{cases} S & ((E, \emptyset) \stackrel{*}{\Longrightarrow} (\emptyset, S) \text{ のとき}) \\ \mathit{failure} & (\text{上記以外}) \end{cases}$$

上の例の $E_1$ に適用すると，

$$\mathcal{U}(E_1) = \{t : (t_3 \to t_3) \to t_3 \to t_3, t_1 : t_3 \to t_3, t_2 : t_3, t_4 : t_3\}$$

となる．

この型の単一化アルゴリズムが計算する等式集合の解の性質を確認してみよう．そのためにまず，型の代入 $S_1$ と $S_2$ の合成 $S_1S_2$ を以下のように定義する．

$$\begin{aligned} dom(S_1S_2) &= dom(S_1) \cup dom(S_2) \\ S_1S_2(t) &= \hat{S}_1(\hat{S}_2(t)) \end{aligned}$$

型代入 $S_1$ と $S_2$ について，ある型代入 $S_3$ があって $S_2 = S_3S_1$ となるとき，$S_1$ は $S_2$ より一般的であるという．この関係を $S_2 < S_1$ と書く．$S_2 < S_1$ は，

直感的には，$S_2$ が $S_1$ の結果にさらに型代入を適用したり新たな型変数への代入を追加して得られることを表す．$\mathit{Unifiers}(E)$ を $E$ の単一化の集合とする．$\mathcal{U}(E) = S$ であれば，以下の関係が成り立つ．

$$\mathit{Unifiers}(E) = \{S' \mid S' < S\}$$

主要な型判定が導出可能なすべての型判定の集合を代表するように，単一化アルゴリズムが計算する型代入は，型等式の解の集合を代表する型代入である．この意味で，型の単一化アルゴリズムが計算する等式集合の解は，「最も一般的な単一化」と呼ばれる．

### 6.3.4　型推論アルゴリズム

型の単一化を使えば，任意の式 $e$ に対して，もし $e$ に対する型判定の導出が存在すれば $e$ の主要な型判定を返し，もし $e$ に対する型判定の導出が存在しなければ型エラーを報告するアルゴリズムを定義することができる．その準備のために，型環境に関する以下の補助関数を定義する．

$$\mathit{matches}(\Gamma_1, \Gamma_2) = \{(\Gamma_1(x), \Gamma_2(x)) \mid x \in \mathit{dom}(\Gamma_1) \cap \mathit{dom}(\Gamma_2)\}$$

$\mathit{matches}(\Gamma_1, \Gamma_2)$ は，$\Gamma_1$ と $\Gamma_2$ に共通する変数の型の組の集合である．記法 $\Gamma|_{\overline{x}}$ で，$\Gamma$ の $\mathit{dom}(\Gamma) \setminus \{x\}$ への制限を表す．$\Gamma|_{\overline{x}}$ は，型環境から変数 $x$ の型指定がもしあればそれを取り除いた型環境である．これらの補助定義を使い，図 6.5 に型推論アルゴリズム $\mathit{PTS}$ の定義を与える．この図の定義では，記述の容易さのため $\mathit{PTS}$ は，型判定 $\Gamma \vdash e : \tau$ ではなく組 $(\Gamma, \tau)$ を返すように定義されている．この定義の中での注釈 ($t$ fresh) は，ほかで使われていない新しい型変数 $t$ を生成し使うことを意味する．

型推論アルゴリズム $\mathit{PTS}$ は以下の意味で完全である．

**定理 6.1　（$\mathit{PTS}$ の完全性）**　任意の式 $e$ に対して，もし $\mathit{PTS}(e) = (\Gamma_0, \tau_0)$ なら，

$$\mathit{Typing}(e) = \mathit{Instances}(\Gamma_0 \vdash e : \tau_0)$$

であり，もし $\mathit{PTS}(e) = \mathit{failure}$ なら，

$$\mathit{Typing}(e) = \emptyset$$

**アルゴリズム 6.2 （型推論アルゴリズム）**

$PTS(n) = (\emptyset, \mathtt{int})$　(ほかの型の定数も同様)

$PTS(x) = (\{x : t\}, t)$　($t$ fresh)

$$
\begin{aligned}
PTS(\mathtt{fn}\ x\ \mathtt{=>}\ e) = \ & \text{let } (\Gamma_1, \tau_1) = PTS(e) \\
& \text{in if } x \in dom(\Gamma_1) \text{ then } (\Gamma_1|_{\overline{x}}, \Gamma_1(x) \to \tau_1) \\
& \quad \text{else } (\Gamma_1, t \to \tau_1) \quad (t \text{ fresh})
\end{aligned}
$$

$$
\begin{aligned}
PTS(e_1\ e_2) = \ & \text{let } (\Gamma_i, \tau_i) = PTS(e_i) \quad (i \in \{1, 2\}) \\
& \quad S = \mathcal{U}(matches(\Gamma_1, \Gamma_2) \cup \{(\tau_1, \tau_2 \to t)\}) \quad (t \text{ fresh}) \\
& \text{in } (S(\Gamma_1) \cup S(\Gamma_2), S(t))
\end{aligned}
$$

$$
\begin{aligned}
PTS(\mathtt{(}e_1\mathtt{,}\ e_2\mathtt{)}) = \ & \text{let } (\Gamma_i, \tau_i) = PTS(e_i)\ (i \in \{1, 2\}) \\
& \quad S = \mathcal{U}(matches(\Gamma_1, \Gamma_2)) \\
& \text{in } (S(\Gamma_1 \cup \Gamma_2), S(\tau_1) * S(\tau_2))
\end{aligned}
$$

$$
\begin{aligned}
PTS(\mathtt{\#}i\ e) = \ & \text{let } (\Gamma_1, \tau_1) = PTS(e) \\
& \quad S = \mathcal{U}(\{(\tau_1, t_1 * t_2)\}) \quad (t_1,\ t_2 \text{ fresh}) \\
& \text{in } (S(\Gamma_1), S(t_i)) \quad (i \in \{1, 2\})
\end{aligned}
$$

$$
\begin{aligned}
& PTS(\mathtt{prim(}p\mathtt{,}\ e_1\mathtt{,}\ e_2\mathtt{)}) = \\
& \quad \text{let } (\Gamma_i, \tau_i) = PTS(e_i) \quad (i \in \{1, 2\}) \\
& \qquad S = \mathcal{U}(matches(\Gamma_1, \Gamma_2) \cup \{(\tau_1, \mathtt{int}), (\tau_2, \mathtt{int})\}) \\
& \qquad \tau = \begin{cases} \mathtt{bool} & (p = \mathtt{eq}) \\ \mathtt{int} & (p \neq \mathtt{eq}) \end{cases} \\
& \quad \text{in } (S(\Gamma_1) \cup S(\Gamma_2), \tau)
\end{aligned}
$$

$$
\begin{aligned}
& PTS(\mathtt{if}\ e_1\ \mathtt{then}\ e_2\ \mathtt{else}\ e_3) = \\
& \quad \text{let } (\Gamma_i, \tau_i) = PTS(e_i) \quad (i \in \{1, 2, 3\}) \\
& \qquad S = \mathcal{U}(matches(\Gamma_1, \Gamma_2) \cup matches(\Gamma_1, \Gamma_3) \cup matches(\Gamma_2, \Gamma_3) \cup \\
& \qquad\qquad \{(\tau_1, \mathtt{bool}), (\tau_2, \tau_3)\}) \\
& \quad \text{in } (S(\Gamma_1) \cup S(\Gamma_2) \cup S(\Gamma_3), S(\tau_2))
\end{aligned}
$$

**図 6.5**　型推論アルゴリズム $PTS$ の定義

である．

すなわち，*PTS* アルゴリズムは，任意の式 $e$ に対して，もし $e$ が型判定を持てば，その主要な型判定を計算し，$e$ が型判定を持たなければ失敗を報告する．この性質は，*PTS* アルゴリズムが，6.2 節で定義した型システムに対する型推論問題を完全に解決するアルゴリズムであることを示している．

型推論アルゴリズムを本節で取り上げた例に適用した結果を以下に示す．以下の例では，型環境と型の組ではなく，型判定の形で示す．

$$
\begin{aligned}
PTS(\texttt{x}) &= \{x : t\} \vdash \texttt{x} : t \\
PTS(\texttt{1}) &= \emptyset \vdash \texttt{1} : \texttt{int} \\
PTS(\texttt{x y}) &= \{\texttt{x} : t_1 \to t_2, \texttt{y} : t_1\} \vdash \texttt{x y} : t_2 \\
PTS(\texttt{(x, x)}) &= \{\texttt{x} : t_1\} \vdash \texttt{(x,x)} : t_1 * t_1 \\
PTS(\texttt{fn x => x}) &= \emptyset \vdash \texttt{fn x => x} : t \to t \\
PTS(\texttt{fn x => 1}) &= \emptyset \vdash \texttt{fn x => 1} : t \to int
\end{aligned}
$$

## 6.4　式の主要な型判定を推論する CoreML 処理系

本節では，5.11 節で開発した「構文解析のみを行う CoreML 処理系」を拡張し，*PTS* アルゴリズムを用いて式の型推論を行い，結果をプリントする処理を追加する．5.11 節のシステムの対象はトップレベルの宣言であったが，*PTS* アルゴリズムは，式の型推論を行うのみである．そこで，今回の拡張ではそれぞれの宣言 `val` $x$ `=` $e$ と `fun` $f$ $x$ `=` $e$ の式 $e$ の型判定をプリントすることとする．

システムの構造は，5.11 節のシステムに型推論と結果のプリントを行う `typeinf` ディレクトリを追加した表 6.1 に示す構造とする．

### 6.4.1　型の定義と型環境，型代入の操作

`Type` は以下のインターフェイスを持つ型の定義モジュールである．

表 **6.1**　式の主要な型判定を推論する CoreML 処理系のシステム構成

| ディレクトリ | モジュール | 機能 |
|---|---|---|
| `main` | `Top` | トップレベルの処理 |
| | `Main` | コマンド文字列解析，プログラム起動 |
| `parser` | `CoreMLLex` | 字句解析 (`CoreML.lex.smi`) |
| | `CoreMLLrVals` | 構文解析 (`CoreML.grm.smi`) |
| | `Syntax` | 構文木定義 (`Syntax.smi`) |
| | `Parser` | 構文解析呼び出し関数 |
| `typeinf` | `Type` | 型の定義 |
| | `TypeUtils` | 型環境，型代入の定義と補助関数 |
| | `UnifyTy` | 単一化 |
| | `Typeinf` | 型推論 |

Type.smi

```
_require "basis.smi"
structure Type =
struct
  datatype ty
  = TYVARty of string | INTty | STRINGty | BOOLty
  | FUNty of ty * ty | PAIRty of ty * ty
  val newTy : unit -> ty
  val tyToString : ty -> string
end
```

`newTy` は，呼ばれるごとに新しい型変数を持つ型を返す関数である．*PTS* の ($t$ fresh) 条件を実現するために使用される．

`TypeUtils` モジュールは型環境と型代入の定義とそれらの構造を操作する補助関数を提供する．型代入と型環境はどちらも名前の集合から型へのマッピング（関数）を表現する必要がある．さらに型環境に対する $matches(\Gamma_1, \Gamma_2)$ などの操作は，2 つのマッピングをトラバースする複雑な操作である．このモジュールを，十分な機能を持つ使いやすい関数群として実現する必要がある．この構築を効率よく達成する鍵は，適切なライブラリの利用である．型代入と型環境はともに，名前をキーとし値を探索するデータ構造である．これらのデータ構造の操作のための種々のライブラリが，辞書やマップ，環境などの名前で提供されている．ここでは，SML# コンパイラに含まれる文字列をキーとする環境を実現するライブラリ SEnv を利用することにする．以下に SEnv のインターフェイスの一部を示す．

```
structure SEnv =
struct
  type 'a map <hidden>
  val empty : ['a. 'a map]
  val find : ['a. 'a map * string -> 'a option]
  val insert : ['a. 'a map * string * 'a -> 'a map]
  val intersectionWith
   : ['a, 'b, 'c.
      ('a * 'b -> 'c) -> 'a map * 'b map -> 'c map]
  val listItems : ['a. 'a map -> 'a list]
  val listItemsi : ['a. 'a map -> (string * 'a) list]
  val map : ['a, 'b. ('a -> 'b) -> 'a map -> 'b map]
  val remove : ['a. 'a map * string -> 'a map * 'a]
  val singleton : ['a. string * 'a -> 'a map]
  val unionWith
    : ['a. ('a * 'a -> 'a) -> 'a map * 'a map -> 'a map]
  ...
end
```

'a map が 'a 型を値とし string をキーとする環境の型である．empty は空の環境，find と insert は探索と追加を行う関数，intersectionWith は 2 つの環境に共通に定義されたキーからなる新しい環境を作る関数である．この関数は，2 つの環境の値を受け取り新しく作る環境の値を返す関数を，その第1引数として受け取る．listItems と listItemsi はそれぞれ環境の含まれる値のリストおよびキーと値の組のリストを返す関数である．map は，環境の中のそれぞれの値に引数で指定された関数を適用して得られる新しい環境を返す．remove は環境からキーの定義を取り除いた環境を返す関数である．指定されたキーが存在しないと例外終了する．singleton は指定されたキーと値の1つの組のみからなる環境を作る関数である．unionWith は2つの環境の和を構成する関数である．intersectionWith と同様，この関数の第1引数もまた，2つの環境の値を受け取り新しく作る環境の値を返す関数である．これらの関数を活用すれば，TypeUtils モジュールを効率よく実現することができる．そのインターフェイスの例を以下に示す．

TypeUtils.smi

```
_require "basis.smi"
_require "compiler/libs/env/main/SSet.smi"
_require "compiler/libs/env/main/SEnv.smi"
_require "./Type.smi"
structure TypeUtils =
struct
  type subst = Type.ty SEnv.map
  type tyEnv = Type.ty SEnv.map
  val substTy : subst -> Type.ty -> Type.ty
  val emptySubst : subst
  val substTyEnv : subst -> tyEnv -> tyEnv
  val composeSubst : subst -> subst -> subst
  val emptyTyEnv : tyEnv
  val singletonTyEnv : string * Type.ty -> tyEnv
  val findTyEnv : tyEnv * string -> Type.ty option
  val matches : tyEnv * tyEnv -> (Type.ty * Type.ty) list
  val unionTyEnv : tyEnv * tyEnv -> tyEnv
  val removeTyEnv : tyEnv * string -> tyEnv
```

```
  val tyEnvToString : tyEnv -> string
end
```

2 行目が SEnv ライブラリの利用宣言である．subst と tyEnv はそれぞれ型代入と型環境を表現する型の定義である．どちらも SEnv.map で実現している．それに続く関数や値は，型と名前から推測される通りである．それらの関数は，SEnv が提供する関数の組み合わせで容易にコードすることができる．例えば，$matches(\Gamma_1, \Gamma_2)$ 操作を実現する matches 関数は，以下のように簡潔に定義できる．

```
fun matches (tyEnv1, tyEnv2) =
  SEnv.listItems
    (SEnv.intersectWith (fn x => x) (tyEnv1, tyEnv2))
```

### 6.4.2 型の単一化の実装

型の単一化の実装には，TypeUtils が提供する型代入の操作に加えて，型代入を作成する際の条件 $t \not\in FTV(\tau)$ を実装する必要がある．型変数は string 型で表現されるため $FTV(\tau)$ は string 型の集合である．コードの簡潔さと正確さのため，ここでも，SML# コンパイラに含まれる文字列の集合を実現するライブラリ SSet を利用することにする．今回必要な部分のインターフェイスを以下に示す．

```
structure SSet =
struct
  type set  <hidden>
  val empty = _ : set
  val add = fn : set * string -> set
  val member = fn : set * string -> bool
   ...
end
```

SEnv と SSet モジュールを使用した型の単一化を行う UnifyTy モジュールの

インターフェイスを以下に示す．

UnifyTy.smi
```
_require "basis.smi"
_require "compiler/libs/env/main/SSet.smi"
_require "compiler/libs/env/main/SEnv.smi"
_require "./Type.smi"
_require "./TypeUtils.smi"
structure UnifyTy = struct
  exception UnifyTy
  val FTV : Type.ty -> SSet.set
  val unify : (Type.ty * Type.ty) list -> TypeUtils.subst
end
```

UnifyTy モジュールを実装するためには，$(E_1, S_1) \Longrightarrow (E_2, S_2)$ を可能な限り実行する末尾再帰関数 rewrite，集合 $FTV(\tau)$ を計算する関数 FTV，条件 $t \in FTV(\tau)$ を判定する関数 occurs を書けばよい．なお，FTV 関数は，今回はほかのモジュールでは使用しないが，のちに開発する多相型を推論するシステムで必要となるので，インターフェイスに加えてある．TypeUtils と SSet モジュールを利用すれば，ほぼ定義通りに書き下すことによって実現できる．図 6.6 にその一部を示す．

### 6.4.3　型推論関数の実装

型推論のメインモジュール Typeinf のインターフェイスは，これまでに開発した各モジュールを利用し，以下のように定義できる．

Typeinf.smi
```
_require "basis.smi"
_require "../parser/Syntax.smi"
_require "./Type.smi"
_require "./TypeUtils.smi"
_require "./UnifyTy.smi"
```

UnifyTy.sml

```
structure UnifyTy = struct
  open Type TypeUtils
  exception UnifyTy
  fun FTV ty = ...
  fun occurs (TYVARty tv, ty) = SSet.member(FTV ty, tv)
    | occurs _ = false
  fun rewrite (nil, S) = S
    | rewrite((ty1,ty2)::E, S) =
      if ty1 = ty2 then rewrite(E, S) else
      case (ty1,ty2) of
        (TYVARty tv, _) =>
        if occurs (ty1, ty2) then raise UnifyTy else
        let val S1 = SEnv.singleton(tv, ty2)
        in rewrite (map (fn (ty1,ty2) =>
                          (substTy S1 ty1, substTy S1 ty2))
                        E,
                   composeSubst S1 S)
        end
      | (_, TYVARty tv) => rewrite ((ty2, ty1)::E, S)
      | (FUNty(ty11, ty12), FUNty(ty21, ty22)) =>
        rewrite ((ty11,ty21)::(ty12,ty22)::E, S)
      | (PAIRty(ty11, ty12), PAIRty(ty21, ty22)) =>
        rewrite ((ty11, ty21)::(ty12, ty22)::E,S)
      | _ => raise UnifyTy
  fun unify E = rewrite (E, SEnv.empty)
end
```

図 6.6 型の単一化の実装

```
structure Typeinf =
struct
  exception TypeError
  val typeinf : Syntax.dec -> unit
end
```

このモジュールを実装するソースファイル Typeinf.sml では，*PTS* アルゴリズムを実装する関数 PTS を定義し，PTS を呼び出す関数 typeinf を書く．PTS 関数は，図 6.5 のアルゴリズムの定義をほぼそのまま書き下せばよい．図 6.7 にその一部を示す．型推論関数 tyinf は，PTS 関数を呼び出した結果得られる型判定をプリントすればよい．以下に tyinf の定義を含む Typeinf.sml のコード例を示す．

Typeinf.sml

```
structure Typeinf = struct
    図 6.7 に示した PTS 関数コード
    (省略されたケースも完成させたもの)
  fun typeinf dec =
    let val exp = case dec of
                    Syntax.VAL (id, exp) => exp
        val (tyEnv, ty) = PTS exp
        val _= print
                 ("Inferred Typing:\n"
                  ^ TypeUtils.tyEnvToString tyEnv
                  ^ " |- " ^ Syntax.expToString exp
                  ^ " : " ^ Type.tyToString ty
                  ^ "\n")
    in () end
    handle UnifyTy.UnifyTy => raise TypeError
end
```

```
open Type Syntax TypeUtils UnifyTy
exception TypeError
fun PTS absyn =
  case absyn of
    INT int => (emptyTyEnv, INTty)
  | EXPFN (string, exp) =>
      let val (tyEnv, ty) = PTS exp in
        case findTyEnv(tyEnv, string) of
          SOME domty =>
          (removeTyEnv(tyEnv, string),
           FUNty(domty, ty))
        | NONE => (tyEnv, FUNty(newTy(), ty))
      end
  | EXPAPP (exp1, exp2) =>
    let val (tyEnv1, ty1) = PTS exp1
        val (tyEnv2, ty2) = PTS exp2
        val tyEquations = matches (tyEnv1, tyEnv2)
        val newty = newTy()
        val subst = unify ((FUNty(ty2, newty), ty1)
                           :: tyEquations)
        val tyEnv3 =
            unionTyEnv
              (substTyEnv subst tyEnv1,
               substTyEnv subst tyEnv2)
      in (tyEnv3, substTy subst newty)
      end
  ...
```

図 **6.7** *PTS* アルゴリズムの実装の一部

### 6.4.4 トップモジュールの変更とコマンドの構築

以上定義した *PTS* アルゴリズムによる型推論関数を構文解析のあとトップレベルから呼び出せば，式の持つ主要な型判定を計算し印字する処理系が完成する．必要な変更は以下の通りである．

1. 型推論モジュールをトップレベルから利用するために，インターフェイスファイル Top.smi に以下の宣言を追加する．

   ```
   _require "../typeinf/Typeinf.smi"
   ```

2. 実装ファイル Top.sml に以下の拡張を加える．

   (a) readAndPrintLoop 関数に型推論関数の呼び出しを追加する．以下のように，doParse の呼び出しのあとに Typeinf.typeinf の呼び出し処理を追加すればよい．

   ```
   val (dec, stream) = doParse stream
   val _ = Typeinf.typeinf dec
   ```

   (b) top 関数に Typeinf.TypeError 例外の処理を追加する．以下のように，Parser.ParseError 例外の処理と並行して同様の処理を追加すればよい．

   ```
   readAndPrintLoop stream
   handle Parser.EOF => ()
          | Parser.ParseError => print "Syntax error\n"
          | Typeinf.TypeError => print "Type error\n"
   ```

完成したシステムに対して，Makefile を作成しシステムを make し直せば，推論された型判定が印字されるはずである．以下にコマンドの実行の例を示す．

```
$ ./Main
val a = x y;
Parse result:
```

```
val a = (x y)
Inferred Typing:
{x:('c -> 'd) , y:'c}|- (x y) : 'd
```

## 6.5　多相型の定義と解析

6.3 節で学んだ型の解析の枠組みは，多相型を含まない単純な型システムに対するものである．この枠組みでは，型推論問題を完全に解決する主要な型判定アルゴリズム $PTS$ を，式に対して帰納的に定義することができた．この優れた性質は，単純な型システムの性質に依存したものであり，我々が ML 言語で慣れ親しんでいる多相型を提供するより柔軟で実用的な型システムに対しては成立しない．本節では，多相型の定義と解析の考え方を理解し，多相型をトップレベルの定義に制限した多相型システムに対する型推論アルゴリズムを構築する．

### 6.5.1　多相型の考え方

6.3.4 項で定義した $PTS$ アルゴリズムが計算する式の主要な型判定は，型変数を使って，可能なすべての型判定を代表している．例として，

$$PTS(\texttt{fn x => x}) = (\emptyset, t \to t)$$

を考えてみよう．この型判定は，

$$\emptyset \vdash \texttt{fn x => x} : \tau \to \tau$$

の形の無限に多くの型判定を代表している．この性質は，fn x => x が，int や string などの種々の型に適用できる汎用性を表現していると解釈できる．多相型は，述語論理学の全称命題の考え方を流用し，この性質を型として表現したものである．

一階の述語論理学では，変数 $x$ を含む述語 $P(x)$ が成り立ち，かつ，$x$ がほかに現れない場合，$x$ を任意の項に自由に置き換えることができるため,「すべての $x$ について $P(x)$ である」と見なせる．この性質を全称命題 $\forall x.P(x)$

で表現する．多相型は，この考え方を型判定に現れる型変数に適用した $\forall t.\tau$ の形の新しい型である．この多相型を導入すると，例えば上記の `fn x => x` 式に対する型判定では，結果の型に含まれる型変数 $t$ がほかに現れず $t$ を任意の型 $\tau$ で置き換えても型判定が成立するため，この型判定から，

$$\emptyset \vdash \texttt{fn x => x} : \forall t.t \to t$$

の形の新しい型判定を導出できる．ここで，型変数 $t$ が「ほかに現れない」との条件は，我々の型システムの場合，$t$ が型環境に現れないことに他ならない．例えば，`x` 式に対する型判定

$$\{x : t\} \vdash \texttt{x} : t$$

では，$t$ は型環境に現れるため，この型判定から，

$$\{x : t\} \vdash \texttt{x} : \forall t.t$$

の型判定は導出できない．

以上の型変数の全称束縛の考え方を導入し，型システムの定義を拡張すること自体には大きな困難は伴わない．必要な定義の拡張は，以下の2点である．

1. 型の定義を，以下の文法で定義される集合に拡張する．

$$\tau ::= t \mid b \mid \tau \to \tau \mid \tau * \tau \mid \forall t.\tau$$

2. 多相型の導入と使用の規則を追加する．

$$(\text{gen}) \quad \frac{\Gamma \vdash e : \tau}{\Gamma \vdash e : \forall t.\tau} \quad (t \notin FTV(\Gamma))$$

$$(\text{inst}) \quad \frac{\Gamma \vdash e : \forall t.\tau}{\Gamma \vdash e : \{t : \tau_0\}\tau} \quad (\text{任意の } \tau_0)$$

しかしながら，この拡張された型システムに対する型推論問題を解くアルゴリズムは存在しない．まず第一に，拡張された型システムでは，すべての型判定を代表する主要な型判定を定義することすら困難である．さらに，型シ

ステムが課す制約を，型変数の連立方程式で表し，単一化を用いて解を求める戦略も，多相型に対しては適用できない．

これらの困難を克服し，型推論が可能な多相型を含む型システムを定義する戦略の一つは，多相型を与える対象を，式に対して定義された名前に限定することである．ML の型システムは，この戦略の下で，式に名前をつける構文 `let val` $x$ `=` $e_1$ `in` $e_2$ `end` を導入し，$e_1$ の型判定の結果の型に含まれかつ型環境に現れない型変数のみを全称束縛し，多相型を構成し，その多相型を $x$ の型とする型つけ規則を導入する．この戦略により，自由変数が持ちうる多相型を推論する必要がなくなり，型推論問題を解決することが可能となる．この ML の型システムと型推論アルゴリズムの正確な理解には，種々の注意深い定義が必要であり，本書の範囲を超えるので，本節では，多相型の導入をトップレベルの宣言に限定し，その限定された型システムに対する型推論アルゴリズムを構築する．

### 6.5.2 型システムの拡張

拡張された型システムでは，推論の対象を，6.2 節で定義した $e$ をメタ変数とする式に加え，$d$ をメタ変数とする宣言に拡張する．CoreML の文法では `val` 宣言と `fun` 宣言を導入したが，本節では以下に定義される `val` 宣言のみを対象とする．

$$d ::= \emptyset \mid \texttt{val}\ x\ \texttt{=}\ e\ \texttt{;}\ d$$

`fun` 宣言の扱いは再帰関数の実現方法を学ぶ 7.3 節で扱う．

6.2 節で定義した $\tau$ をメタ変数とする型を単相型と呼び，新たに $\sigma$ をメタ変数とする多相型を以下のように定義する．

$$\sigma ::= \tau \mid \forall(t_1, \ldots, t_n).\tau$$

これらの 2 種類の型を $\tau$ と $\sigma$ を使い分けて区別する．$\sigma$ は単相型でもありうるが，$\tau$ は $\forall$ を含まない単相型に限定される．

型環境 $\Gamma$ は，変数の有限集合から多相型への関数とする．式の型つけ規則は，変数の場合を除き，以前と同じである．変数の規則は，多相型のインスタンス化を含む以下のものに置き換える．

$$\text{(var)}\quad \Gamma\{x : \forall(t_1,\ldots,t_n).\tau\} \vdash x : \{t_1 : \tau_1,\ldots,t_n : \tau_n\}\tau$$

型環境に定義された型が $\forall(t_1,\ldots,t_n)$ を含まない単相型 $\tau$ の場合は，以前と同様である．

宣言は変数束縛の列であり，その型の性質は変数と型の対応の列，すなわち型環境で表現される．宣言 $d$ の型が型環境 $\Gamma$ で表現されるとき，$d : \Gamma$ と書く．この関係を導出する規則を以下に示す．

$$\text{(nil)}\quad \emptyset : \emptyset$$

$$\text{(val)}\quad \frac{d : \Gamma \quad \Gamma \vdash e : \tau \quad \{t_1,\ldots,t_n\} = FTV(\tau)}{d;\ \texttt{val}\ x\ \texttt{=}\ e : \Gamma\{x : \forall(t_1,\ldots,t_n).\tau\}}$$

この規則から，もし $d : \Gamma$ なら $FTV(\Gamma) = \emptyset$ であることがわかる．したがって，(val) 規則で全称束縛される型変数 $\{t_1,\ldots,t_n\}$ は $\Gamma$ に現れない．

図 6.8 に多相型を含む型判定導出の例を示す．この例では，多相関数 `id` を定義し，`id` を整数型に適用している．

### 6.5.3　型推論アルゴリズムの構築

多相型を含む型システムでは，型判定 $\Gamma \vdash e : \tau$ の型環境 $\Gamma$ は，関数式によって導入される自由変数の型制約に加えて，$e$ で参照される `val` 宣言で定義された変数の多相型指定を含む．後者の多相型は推論の対象ではない．そこで，型推論アルゴリズムは，与えられた型環境 $\Gamma$ の下で，式 $e$ が持つ型 $\tau$ と $\Gamma$ に含まれる型変数の制約を表現する型代入 $S$ の組を計算する

$$\mathcal{W}(\Gamma, e) = (S, \tau)$$

形の関数として定義される．型代入の合成は右結合すると約束し，$S_1(S_2S_3)$ を単に $S_1S_2S_3$ と書く．4 つ以上の合成も同様である．この表記を使い，図 6.9 にアルゴリズム $\mathcal{W}$ の定義を示す．このアルゴリズム $\mathcal{W}$ の名称は，発明者である Milner が論文 [13] で用いた名前に由来する．宣言に対しては，以下のように定義できる．

- 宣言の導出 $\mathcal{D}_1$：

$$\cfrac{\cfrac{\overline{\{\mathtt{x}:t\}\vdash\mathtt{x}:t}\ (\mathrm{var})}{\emptyset\vdash\mathtt{fn\ x\ =>\ x}:t\to t}\ (\mathrm{fn})}{\emptyset\vdash\mathtt{val\ id\ =\ fn\ x\ =>\ x}:\{\mathtt{id}:\forall(t).t\to t\}}\ \mathrm{val}$$

- 宣言の導出 $\mathcal{D}_2$：

$$\cfrac{\cfrac{\overline{\{\mathtt{id}:\forall(t).t\to t\}\vdash\mathtt{id}:\mathtt{int}\to\mathtt{int}}\ (\mathrm{var})\quad\overline{\{\mathtt{id}:\forall(t).t\to t\}\vdash\mathtt{1}:\mathtt{int}}\ (\mathrm{const})}{\{\mathtt{id}:\forall(t).t\to t\}\vdash\mathtt{id\ 1}:\mathtt{int}}\ (\mathrm{app})}{\{\mathtt{id}:\forall(t).t\to t\}\vdash\mathtt{val\ x\ =\ id\ 1}:\{\mathtt{id}:\forall(t).t\to t,\mathtt{x}:\mathtt{int}\}}\ (\mathrm{val})$$

- トップレベルの導出：

$$\cfrac{\cfrac{\overline{\emptyset:\emptyset}\ (\mathrm{nil})\quad\mathcal{D}_1}{\mathtt{val\ id\ =\ fn\ x\ =>\ x}:\{\mathtt{id}:\forall(t).t\to t\}}\ (\mathrm{val})\quad\mathcal{D}_2}{\mathtt{val\ id\ =\ fn\ x\ =>\ x;\ val\ x\ =\ id\ 1}:\{\mathtt{id}:\forall(t).t\to t,\mathtt{x}:\mathtt{int}\}}\ (\mathrm{val})$$

**図 6.8** 多相型を含む型判定の導出例

$$\begin{aligned}\mathcal{W}_{top}(\Gamma,\mathtt{val}\ \ x\ \mathtt{=}\ e) = \mathrm{let}\ &(S,\tau)=\mathcal{W}(\Gamma,e)\\ &\{t_1,\ldots,t_n\}=FTV(\tau)\\ \mathrm{in}\ &\Gamma\{x:\forall(t_1,\ldots,t_n).\tau\}\end{aligned}$$

## 6.6 多相型を推論する CoreML 処理系

本節では，以上で定義した多相型を含む型推論アルゴリズムを実装し，多相型を推論する CoreML 処理系を完成させる．必要な作業は以下の 3 点である．

1. 型の定義に多相型を追加する．
2. アルゴリズム $\mathcal{W}$ を実装する．
3. 型推論モジュールの `typeinf` 関数を $\mathcal{W}$ を呼び出す $\mathcal{W}_{top}$ 関数に変更する．

**アルゴリズム 6.3** （多相型推論アルゴリズム $\mathcal{W}$）

$$\mathcal{W}(\Gamma, n) = (\emptyset, \texttt{int}) \quad (\text{ほかの定数も同様})$$

$$\mathcal{W}(\Gamma, x) = \text{ if } x \in \mathit{dom}(\Gamma) \text{ then } (\emptyset, \mathit{freshInst}(\Gamma(x)) \text{ else error}$$

$$\mathcal{W}(\Gamma, \texttt{fn x => } e) = \text{let } (S, \tau) = \mathcal{W}(\Gamma\{x : t\}, e) \ (t \text{ fresh}) \ \text{ in } (S, S(t) \to \tau)$$

$$\begin{aligned}\mathcal{W}(\Gamma, e_1\ e_2) = \text{let } & (S_1, \tau_1) = \mathcal{W}(\Gamma, e_1) \\ & (S_2, \tau_2) = \mathcal{W}(S_1(\Gamma), e_2) \\ & S_3 = \mathcal{U}(\{(S_2(\tau_1), \tau_2 \to t)\}) \quad (t \text{ fresh}) \\ \text{in } & (S_3S_2S_1, S_3(t))\end{aligned}$$

$$\begin{aligned}\mathcal{W}(\Gamma, \texttt{(}e_1\texttt{, } e_2\texttt{)}) = \text{let } & (S_1, \tau_1) = \mathcal{W}(\Gamma, e_1) \\ & (S_2, \tau_2) = \mathcal{W}(S_1(\Gamma), e_2) \\ \text{in } & (S_2S_1, S_2(\tau_1) * \tau_2)\end{aligned}$$

$$\begin{aligned}\mathcal{W}(\Gamma, \texttt{\#}i\ \ e) = \text{let } & (S_1, \tau) = \mathcal{W}(\Gamma, e) \\ & S_2 = \mathcal{U}(\{(\tau, t_1 * t_2)\}) \quad (t_1, t_2 \text{ fresh}) \\ \text{in } & (S_2S_1, S_2(t_i)) \quad (i \in \{1, 2\}))\end{aligned}$$

$$\begin{aligned}&\mathcal{W}(\Gamma, \texttt{if } e_1 \texttt{ then } e_2 \texttt{ else } e_3) = \\ &\quad \text{let } (S_1, \tau_1) = \mathcal{W}(\Gamma, e_1) \\ &\qquad (S_2, \tau_2) = \mathcal{W}(S_1(\Gamma), e_2) \\ &\qquad (S_3, \tau_3) = \mathcal{W}(S_2S_1(\Gamma), e_3) \\ &\qquad S_4 = \mathcal{U}(\{(S_3S_2(\tau_1), \texttt{bool}), (S_3(\tau_2), \tau_3)\}) \\ &\quad \text{in } (S_4S_3S_2S_1, S_4(\tau_3))\end{aligned}$$

$$\mathit{freshInst}(\forall(t_1, \ldots, t_n).\tau) = [t'_1/t_1, \ldots, t'_n/t_n]\tau \quad (t'_1, \ldots, t'_n \text{ fresh})$$

図 6.9　多相型を含む型推論アルゴリズム $\mathcal{W}$（主要なケース）

`prim(`$p$`, `$e_1$`, `$e_2$`)` 式は，結果の型が $p$ で決まる単相型である点，式 $e_1$ と $e_2$ の型が `int` である点を考慮すれば，関数適用の場合と同様に定義できる．

多相型の追加は，Type モジュールの型の定義を以下のように拡張すればよい．

```
datatype ty
  = INTty | STRINGty | BOOLty | TYVARty of string
  | FUNty of ty * ty | PAIRty of ty * ty
  | POLYty of string list * ty
```

アルゴリズム $\mathcal{W}$（アルゴリズム 6.3，図 6.9）を実装する関数を W とする．アルゴリズムの定義から，W は以下の型の関数である．

```
W : TypeUtils.tyEnv
      -> Syntax.exp
      -> TypeUtils.subst * Type.ty
```

この関数を定義するために，アルゴリズム $\mathcal{W}$ が使用する $freshInst$ を実装する以下の補助関数を TypeUtils.sml に追加する．

```
fun freshInst ty =
  case ty of
    POLYty (tids, ty) =>
    let val S =
          foldr (fn (tid, S) =>
                    let val newty = newTy ()
                    in SEnv.insert(S, tid, newty) end)
                emptySubst
                tids
      in substTy S ty end
   | _ => ty
```

さらに，この関数の型宣言

```
val freshInst : Type.ty -> Type.ty
```

を TypeUtils.smi に追加する．これらの関数を使い，アルゴリズムの定義に従い W を再帰関数として書き下せる．図 6.10 に定義の一部を示す．

型推論のメイン関数 typeinf を $\mathcal{W}_{top}$ の定義に従い変更し，W 関数とあわせて，型推論モジュールを以下のように定義する．

Typeinf.sml

```
structure Typeinf = struct
  open Syntax Type TypeUtils UnifyTy
  exception TypeError
  図 6.10 に示した W 関数のコード
  (省略されたケースも完成させたもの)
  fun typeinf gamma (VAL (id, exp)) =
    let
      val (subst, ty) = W gamma exp
      val tids = SSet.listItems (FTV ty)
      val newTy = if null tids then ty else POLYty (tids,ty)
      val _ = print ("Inferred typing:\n"
                     ^ "val " ^ id ^ " : "
                     ^ Type.tyToString newTy ^ "\n")
    in
      SEnv.insert(gamma, id,  newTy)
    end
    handle Unify => raise TypeError
end
```

型推論モジュールのインターフェイスファイル Typeinf.smi も typeinf 関数の型に合わせて以下のように変更する．

```
structure Typeinf =
struct
```

```
fun W gamma exp =
  case exp of
    INT int => (emptySubst, INTty)
  | EXPID (string) =>
    (case SEnv.find(gamma, string) of
       SOME ty => (emptySubst, freshInst ty)
     | NONE => raise TypeError)
  | EXPFN (string, exp) =>
    let val ty1 = newTy()
        val newGamma = SEnv.insert(gamma, string, ty1)
        val (S, ty2) = W newGamma exp
    in
      (S, FUNty(substTy S ty1, ty2))
    end
  | EXPAPP (exp1, exp2) =>
    let
      val (S1, ty1) = W gamma exp1
      val (S2, ty2) = W (substTyEnv S1 gamma) exp2
      val ty3 = newTy()
      val S3 = unify [(FUNty(ty2, ty3), substTy S2 ty1)]
      val S4 = composeSubst S3 (composeSubst S2 S1)
    in
      (S4, substTy S4 ty3)
    end
  ...
```

**図 6.10** 型推論アルゴリズム $\mathcal{W}$ の実装例

```
  exception TypeError
  val typeinf : TypeUtils.tyEnv
                -> Syntax.dec -> TypeUtils.tyEnv
end
```

以上で型推論モジュールの変更は完了した．この変更に合わせて Top モジュールに以下の変更を加えれば，多相型を推論し結果をプリントする言語処理系が完成する．

1. readPrintLoop 関数に $\Gamma$ を表す tyEnv 型の引数 gamma を加え，この引数とともに変更された typeinf 関数を呼び出すように変更する．変更例を以下に示す．

```
fun readAndPrintLoop gamma stream =
  let val stream = discardSemicolons stream
      val (dec, stream) = doParse stream
      val newGamma = Typeinf.typeinf gamma dec
  in readAndPrintLoop newGamma stream end
```

2. top 関数からの readAndPrintLoop 関数呼び出しの引数に空の型環境 TypeUtils.emptyTyEnv を以下のように追加する．

```
readAndPrintLoop TypeUtils.emptyTyEnv stream
```

システムを make し直せば，以上の変更を反映したコマンドが作成されるはずである．以下にコマンドの実行結果を示す．

```
$ ./Main
val f = fn x => x;
Parse result:
val f = (fn x => x)
Inferred typing:
val f : [a.('a -> 'a)]
```

```
val p = (f 1, f "smlsharp");
Parse result:
val p = ((f 1),(f "smlsharp"))
Inferred typing:
val p : (int * string)
```

## 6.7 練習問題

**問 6.1** 以下の方針で，`Type` モジュールの `newTy` 関数を実装せよ．

- 参照型変数 `val seed : int ref` を定義し，呼ばれるたびに，`seed` の値を更新し，その値を使って `$1`，`$2`，のような文字列系を返す関数 `gensym` を定義する．
- `gensym` を呼び出しその値に `TYVARty` を適用し，`ty` 型を生成する．

さらに，型を文字列に変換する関数 `tyToString` を定義し，`Type.sml` を完成せよ．

**問 6.2** 以下の手順で，6.4 節で説明した「式の主要な型判定を推論する CoreML 処理系」を完成させ，コマンドを作成しテストを行い，結果を確認せよ．

1. 図 6.6 で省略された `FTV` 関数の定義を書き `UnifyTy.sml` を完成せよ．
2. 図 6.7 の `PTS` 関数定義で省略されたケースを書き，`Typeinf.sml` を完成せよ．
3. 6.4.4 項の指示に従い `Top.sml` を変更せよ．

**問 6.3** 以下の手順で，6.6 節で説明した「多相型を推論する CoreML 処理系」を完成させ，コマンドを作成しテストを行い，結果を確認せよ．

1. 図 6.10 の `W` 関数定義で省略されたケースを書き，多相型に拡張された `Typeinf.sml` を完成せよ．
2. 6.6 節の指示に従い `Top.sml` を変更せよ．

# 第7章

# インタープリタ

本章と第8章では，第6章までで解析が終了した言語の実現方法を学ぶ．解析の各フェーズが，解析対象の定義と定義に基づく解析アルゴリズムの構築によってなされたように，言語の実現も，言語の意味を定義し，その定義に基づき実現アルゴリズムを開発する手順をとる．本章では，インタープリタの構造と役割を概観したのち，言語の操作的意味の定義と，その意味を直接実現するインタープリタの構築方法を学ぶ．

## 7.1 インタープリタの構造と役割

インタープリタは，1.3節で概観した通り，プログラミング言語で書かれプログラムを直接解釈・実行する機械である．通常インタープリタが実現する機械は，高水準言語で書かれたプログラムで実現されている場合が多いが，プログラムで実現されるかハードウェアで実現されるかは本質的な違いではない．実際，複雑な命令セットを持つCPUは，マイクロプログラムと呼ばれるプログラムで実現されている場合が多い．また，高水準言語と見なせるLisp言語のインタープリタをハードウェアで実現したLISPマシンなども開発された．

インタープリタがプログラムを実行するしくみは，対象とするプログラミング言語の構造によって異なる．レジスタ機械の命令の実行は，レジスタの状態を変更することによって行われる．この場合，インタープリタは，レジスタを表現する状態をメモリー上に定義し，さらに命令ごとに，レジスタの値を変更する手続きを用意しておけば実現できる．しかし，我々が対象とする高水準言語では，プログラムは式で構成され，式は任意に複雑な構造を持つ．したがって，式の動作をあらかじめ用意しておくことは不可能である．高水準言語のインタープリタ構築の課題は，式の系統的な評価の実現である．その実現戦略は，式を，その構造に従い再帰的に評価することである．式の型を計算するために，再帰的な規則の集合として型システムを定義したのと同様に，式の表す値を計算する再帰的な規則の集合が定義できれば，式の値を再帰的なプログラムとして書き下すことができる．この再帰的な規則の集合によって定義される式の評価関係は，式の操作的意味論と呼ばれる．式の操作的意味が定義できれば，それを，変数束縛などを含むプログラムの意味に拡張するのは容易である．

プログラミング言語の操作的意味の定義とそれを実現するインタープリタの実装は，各言語要素の動作の定義の役割も果たす．操作的意味は，再帰的な規則による宣言的な記述であるため，各構文要素の意味の記述として適している．さらに，インタープリタは，操作的意味論をほぼそのまま再帰的なプログラムとして書き下したものであり，定義された操作的意味が意図する動作をするかを確認する役割を果たす．そこで，新しいプログラミング言語コンパイラの開発に際しては，より複雑で開発が困難な機械語コードへのコンパイルアルゴリズムの開発と実装に先立って，インタープリタを開発し言語の定義と動作を確認することがよく行われる．

## 7.2　操作的意味論の定義

式の操作的意味論は，型システムと同様の考えで定義することができる．型システムが導出する

$$\Gamma \vdash e : \tau$$

の形の型判定は，式 $e$ が変数の型環境 $\Gamma$ の下で型 $\tau$ を持つことを表す．この判定は，式 $e$ が計算する値を型として近似したものと見なすことができる．式の操作的意味の定義は，変数の型環境 $\Gamma$ を変数の持つ値の環境 $E$ に置き換え，結果を型 $\tau$ から実際の値 $v$ に置き変えた

$$E \vdash e \Downarrow v$$

の形の評価関係を導出するシステムである．この考え方に従えば，例えば変数式 $x$ の操作的意味は，$x$ の現在の値を参照するだけであるから，型つけ規則 (var) と同様，

$$\text{(var)} \quad E \vdash x \Downarrow v \qquad (x \in dom(E),\, E(x) = v)$$

と与えられるはずである．この評価関係を，すべての式構成子に対して定義すれば操作的意味の定義が得られる．その構造は型システムと同様に，式の部分の導出から，全体の導出を導く再帰的な規則の集合で構成される．型の導出との大きな違いは，関数の扱いである．関数式が持つ型は，入出力の型の情報のみを含む関数型 $\tau_1 \to \tau_2$ であるが，実際の値を計算するためには，関数の動作を表す値の導入が必要である．

この点を考慮し，導出の対象となる値 $v$ と値の環境 $E$ の集合を以下のように定義する．

$$\begin{aligned} v &::= [\![c]\!] \mid (v, v) \mid Cls(E, x, e) \mid wrong \\ E &::= \{x : v, \ldots, x : v\} \end{aligned}$$

$[\![\mathrm{c}]\!]$ は定数の実行時表現を表す．$(v, v)$ は値の組である．$Cls(E, x, e)$ は，環境 $E$ の下で定義された関数式 `fn` $x$ `=>` $e$ の値であり，関数クロージャと呼ばれる．この値は，引数の値 $v$ を受け取り，環境 $E$ に値の束縛 $\{x : v\}$ を追加した環境の下で式 $e$ を評価して得られる値を返す関数を表す．$wrong$ は，評価が続けられないときに返される，実行時エラーを表す特別な値である．

図 7.1 に評価規則の定義を示す．規則 (prim) で使用されている式 $[\![p]\!](n_1, n_2) = v$ は，ソースコード `prim(`$p$`,`$e_1$`,`$e_2$`)` で指定された演算 $p$ に対応する計算を行う演算子 $[\![p]\!]$ が引数 $(n_1, n_2)$ に対して値 $v$ を返すことを表す．例えば，

$$\text{(const)}\quad E \vdash c \Downarrow [\![c]\!] \quad ([\![c]\!] \text{はプログラム定数} c \text{に対応する値})$$

$$\text{(var)}\quad E \vdash x \Downarrow v \quad (x \in dom(E),\, E(x) = v)$$

$$\text{(fn)}\quad E \vdash \texttt{fn}\ x\ \texttt{=>}\ e \Downarrow Cls(E, x, e)$$

$$\text{(app)}\quad \frac{E \vdash e_1 \Downarrow Cls(E_0, x_0, e_0) \quad E \vdash e_2 \Downarrow v_2 \quad E_0\{x_0 : v_2\} \vdash e_0 \Downarrow v}{E \vdash e_1\ e_2 \Downarrow v}$$

$$\text{(pair)}\quad \frac{E \vdash e_1 \Downarrow v_1 \quad E \vdash e_2 \Downarrow v_2}{E \vdash \texttt{(}e_1\texttt{,}e_2\texttt{)} \Downarrow (v_1, v_2)}$$

$$\text{(proj)}\quad \frac{E \vdash e \Downarrow (v_1, v_2)}{E \vdash \texttt{\#}i\ e \Downarrow v_i} \quad (i \in \{1, 2\})$$

$$\text{(prim)}\quad \frac{E \vdash e_1 \Downarrow n_1 \quad E \vdash e_2 \Downarrow n_2 \quad [\![p]\!](n_1, n_2) = v}{E \vdash \texttt{prim(}p\texttt{, }e_1\texttt{,}e_2\texttt{)} \Downarrow v}$$

$$\text{(if1)}\quad \frac{E \vdash e_1 \Downarrow true \quad E \vdash e_2 \Downarrow v}{E \vdash \texttt{if}\ e_1\ \texttt{then}\ e_2\ \texttt{else}\ e_3 \Downarrow v}$$

$$\text{(if2)}\quad \frac{E \vdash e_1 \Downarrow false \quad E \vdash e_3 \Downarrow v}{E \vdash \texttt{if}\ e_1\ \texttt{then}\ e_2\ \texttt{else}\ e_3 \Downarrow v}$$

**図 7.1**　評価規則の定義

$true = [\![\texttt{eq}]\!](1,1)$ であり，$2 = [\![\texttt{add}]\!](1,1)$ である．この規則集合では，実行時のエラーを表す *wrong* を導出する以下のケースが省略されている．前提の部分式の評価結果が記載されている形にならない場合，式全体の評価結果は *wrong* となる．また，いずれかの部分式が *wrong* を返せば，式全体の評価結果も *wrong* となる．例えば規則 (app) で，$e_1$ の評価が関数クロージャ $Cls(E_0, x_0, e_0)$ ではなく整数 $n$ となれば，$e_1\ e_2$ の評価結果は *wrong* である．この評価規則の集合は，評価関係 $E \vdash e \Downarrow v$ の導出を定義する．前提のない (const) と (var) 規則が，導出システムの公理であり，前提を持つ規則は，導出を合成する推論規則である．$E \vdash e \Downarrow v$ をルートとし，これらの規則を有

$$\cfrac{T_1 \quad \cfrac{}{\emptyset \vdash \texttt{1} \Downarrow \texttt{1}}\,(\text{const}) \quad \cfrac{T_5 \quad T_6 \quad \cfrac{}{\{\texttt{x}:1\} \vdash \texttt{x} \Downarrow \texttt{1}}\,(\text{var})}{\{\texttt{f}: \mathit{Cls}(\emptyset, \texttt{x}, \texttt{x}), \texttt{x}:1\} \vdash \texttt{f x} \Downarrow \texttt{1}}\,(\text{app})}{\emptyset \vdash \texttt{(fn f => fn x => f x) (fn x => x) 1} \Downarrow \texttt{1}}\,(\text{app})$$

$$T_1 = \cfrac{T_2 \quad T_3 \quad T_4}{\emptyset \vdash e \Downarrow \mathit{Cls}(\{\texttt{f} : \mathit{Cls}(\emptyset, \texttt{x}, \texttt{x})\}, \texttt{x}, \texttt{f x})}\,(\text{app})$$

$$e = \texttt{(fn f => fn x => f x) (fn x => x)}$$

$$T_2 = \cfrac{}{\emptyset \vdash \texttt{fn f => fn x => f x} \Downarrow \mathit{Cls}(\emptyset, \texttt{f}, \texttt{fn x => f x})}\,(\text{fn})$$

$$T_3 = \cfrac{}{\emptyset \vdash \texttt{fn x => x} \Downarrow \mathit{Cls}(\emptyset, \texttt{x}, \texttt{x})}\,(\text{var})$$

$$T_4 = \cfrac{}{\{\texttt{f} : \mathit{Cls}(\emptyset, \texttt{x}, \texttt{x})\} \vdash \texttt{fn x => f x} \Downarrow \mathit{Cls}(\{\texttt{f} : \mathit{Cls}(\emptyset, \texttt{x}, \texttt{x})\}, \texttt{x}, \texttt{f x})}\,(\text{fn})$$

$$T_5 = \cfrac{}{\{\texttt{f} : \mathit{Cls}(\emptyset, \texttt{x}, \texttt{x}), \texttt{x}:1\} \vdash \texttt{f} \Downarrow \mathit{Cls}(\emptyset, \texttt{x}, \texttt{x})}\,(\text{var})$$

$$T_6 = \cfrac{}{\{\texttt{f} : \mathit{Cls}(\emptyset, \texttt{x}, \texttt{x}), \texttt{x}:1\} \vdash \texttt{x} \Downarrow \texttt{1}}\,(\text{var})$$

**図 7.2**　評価関係の導出例

限回使い，すべての枝が公理で終わる導出があれば，$E \vdash e \Downarrow v$ が導かれる．図 7.2 に評価関係の導出例を示す．

この評価関係の導出の枠組みは型システムと同様であるが，評価関係の場合は，与えられた $E$ と $e$ に対して，$E \vdash e \Downarrow v$ となる値 $v$ がただ一つ決まる．この性質から，$E$ の下で式 $e$ を評価し，値 $v$ を求める再帰関数 $Eval$ が図 7.3 のように定義できる．

## 7.3　再帰関数の実現

関数定義 `fun f x = e` は，$e$ に `f` が現れなければ，`val f = fn x =>` $e$ と同一であり，その実現には何ら新しい機構を必要としない．しかし，関数の本体 $e$ が，関数 `f` 自身の呼び出しを含む再帰関数を定義するには，特別な機構が必要である．再帰関数の意味の枠組みには種々のアプローチがあるが，いずれも循環的な構造や無限の値を表現するための複雑な機構を含む．

再帰関数の実現方法を分析するために，具体的に以下の関数を考えてみよう．

$$Eval(E, c) = [\![c]\!]$$

$$Eval(E, x) = \text{if } x \in dom(E) \text{ then } E(x) \text{ else } \mathit{wrong}$$

$$Eval(E, \texttt{fn } x \texttt{ => } e) = \mathit{Cls}(E, x, e)$$

$$\begin{aligned}
&Eval(E, e_1\ e_2) = \\
&\quad \text{let } v_1 = Eval(E, e_1) \\
&\quad\quad\ \ v_2 = Eval(E, e_2) \\
&\quad \text{in if } v_1 = \mathit{Cls}(E_0, x_0, e_0) \text{ then } Eval(E_0\{x_0 : v_2\}, e_0) \\
&\quad\quad \text{else } \mathit{wrong}
\end{aligned}$$

$$\begin{aligned}
&Eval(E, \texttt{(}e_1\texttt{, } e_2\texttt{)}) = \\
&\quad \text{let } v_1 = Eval(E, e_1) \\
&\quad\quad\ \ v_2 = Eval(E, e_2) \\
&\quad \text{in if } v_1 \neq \mathit{wrong} \text{ and } v_2 \neq \mathit{wrong} \text{ then } (v_1, v_2) \text{ else } \mathit{wrong}
\end{aligned}$$

$$\begin{aligned}
&Eval(E, \texttt{\#}i\ e) = \quad (i \in \{1, 2\}) \\
&\quad \text{let } v = Eval(E, e) \\
&\quad \text{in if } v = (v_1, v_2) \text{ then } v_i \text{ else } \mathit{wrong}
\end{aligned}$$

$$\begin{aligned}
&Eval(E, \texttt{prim(}p\texttt{, } e_1\texttt{, } e_2\texttt{)}) = \\
&\quad \text{let } v_1 = Eval(E, e_1) \\
&\quad\quad\ \ v_2 = Eval(E, e_2) \\
&\quad \text{in if } v_1 = n_1 \text{ and } v_2 = n_2 \text{ then } [\![p]\!](n_1, n_2) \\
&\quad\quad \text{else } \mathit{wrong}
\end{aligned}$$

$$\begin{aligned}
&Eval(E, \texttt{if } e_1 \texttt{ then } e_2 \texttt{ else } e_3) = \\
&\quad \text{let } v = Eval(E, e_1) \\
&\quad \text{in if } v = \mathit{true} \text{ then } Eval(E, e_2) \\
&\quad\quad \text{else if } v = \mathit{false} \text{ then } Eval(E, e_3) \\
&\quad\quad \text{else } \mathit{wrong}
\end{aligned}$$

**図 7.3**　式の評価関数 $Eval$ の定義例

```
fun f x = if x = 0 then 1 else x * f (x - 1)
```

（本節の説明では，読みやすさのために，prim(sub, x, 1) などの整数演算を，CoreMLの構文ではなくMLの構文を用いて，x - 1のように表記する.）
およそ厳密な「定義」とは，新しいもの（名前，概念）を，すでに定義されているものを使って言い換えることである．そこで，この自分自身を参照している関数についても，すでに定義されている式のみを使った定義として表現することを考える．そのために，以下の高階の関数を考える．

```
val F = fn f => fn x => if x = 0 then 1 else x * f (x - 1)
```

この高階関数 F は，f の定義本体で参照している関数を変数 f として受け取る通常の関数である．今仮に，再帰関数定義を満たす関数がすでに得られているとして，それを $\mathcal{F}$ とする．すると $\mathcal{F}$ は F $\mathcal{F}$ と同じはずであるから，以下の等式が成り立つはずである．

$$\begin{aligned}\mathcal{F} &= \mathtt{F}\ \mathcal{F}\\ &= \mathtt{fn\ x\ =>\ if\ x\ =\ 0\ then\ 1\ else\ x\ *}\ \mathcal{F}\ \mathtt{(x\ -\ 1)}\end{aligned}$$

この等式を $\mathcal{F}$ の定義と見なすと，引数が0の場合，正しく値を計算する．0以外の場合はそのままでは計算を実行することはできないが，$\mathcal{F}$ を F $\mathcal{F}$ で置き換え F の定義を展開すれば，計算を続行することができる．このように，定義する関数を引数とする高階関数に，定義の結果得られるはずの関数を適用することによって，再帰的な関数定義での自分自身を表す関数参照に対する実行可能な定義が得られる．

以上の考え方を操作的意味として定義するために，関数定義 fun $f$ $x$ = $e$ で定義される関数を表す式 fix $f(x)$ => $e$ を導入する．この特別な関数式は，$x$ を引数とする1変数関数であるが，この関数の適用時には，仮引数 $x$ の実引数への束縛に加えて，関数引数 $f$ を自分自身に束縛する．すなわち，この関数は，内部で使用する自分自身を追加の引数として受け取る関数である．このように自分自身を引数として受け取るような関数は，入力と出力の組の集合としては表現できないため，再帰関数の数学的な意味論は，領域理論や圏論などを用いて議論されることが多い．しかし，インタープリタの構築に適した操作的意味論に限れば，「自分自身を受け取る関数」の意図に従い，簡潔かつ厳密な定義が可能である．

以上の考えの下で，再帰関数を導入するために，式の定義を

$$e ::= \cdots \mid \texttt{fix}\ f\texttt{(}x\texttt{)}\ \texttt{=>}\ e$$

と拡張し，関数定義式を，以下の定義の省略形と見なす．

| 変換前 | 変換後 |
|---|---|
| `fun` $f$ $x$ `=` $e$ | `val` $f$ `=` `fix` $f$`(`$x$`)` `=>` `e` |

$\texttt{fix}\ f\texttt{(}x\texttt{)}\ \texttt{=>}\ e$ は $x$ を受け取る関数であり，$f$ は自分自身と同じ型を持つはずであるから，型つけ規則は以下のように与えられる．

$$\text{(fix)}\quad \frac{\Gamma\{f : \tau_1 \to \tau_2, x : \tau_1\} \vdash e : \tau_2}{\Gamma \vdash \texttt{fix}\ f\texttt{(}x\texttt{)}\ \texttt{=>}\ e : \tau_1 \to \tau_2}$$

操作的意味論を，この新しい関数式に拡張するために，値の定義を，

$$v ::= \cdots \mid \mathit{Rec}(E, f, x, e)$$

と拡張する．$\mathit{Rec}(E, f, x, e)$ は，通常の関数クロージャに加え，自分自身が束縛されるべき変数 $f$ の指定を持つ特別な関数クロージャである．この値を再帰関数クロージャと呼ぶことにする．

以上の拡張に合わせて評価規則を追加すれば，操作的意味論の拡張が完了する．まず，再帰的な関数式の評価規則を以下のように定義する．

$$\text{(fix)}\quad E \vdash \texttt{fix}\ f\texttt{(}x\texttt{)}\ \texttt{=>}\ e \Downarrow \mathit{Rec}(E, f, x, e)$$

自己参照 $f$ を記録する点を除けば，関数式が関数クロージャに評価される (fn) の場合と同様である．次に，関数適用式の評価に，再帰関数閉包の場合を以

下のように追加する．

$$
(\text{rec})\quad \frac{\begin{array}{l} E \vdash e_1 \Downarrow \mathit{Rec}(E_0, f_0, x_0, e_0) \\ E \vdash e_2 \Downarrow v_2 \\ E_0\{f_0 : \mathit{Rec}(E_0, f_0, x_0, e_0), x_0 : v_2\} \vdash e_0 \Downarrow v \end{array}}{E \vdash e_1\ e_2 \Downarrow v}
$$

再帰関数閉包の中に記録されている関数本体のコード $e_0$ の評価は，環境 $E_0$ を引数 $x_0$ だけでなく，関数の自己参照 $f_0$ にも拡張した環境の下で行われる．この束縛が，自分自身への適用を実現している．この自己適用は，再帰関数閉包の中の自己参照 $f$ に対して常に行われるので，再帰関数定義式の無限の展開が実現される．さらに，この展開はこの規則 (rec) によって，関数が参照される直前に実行されるため，特別な拡張を必要としない．図 7.4 に，例に挙げた再帰関数 `f` を `2` に適用した式に対する値の導出の例を示す．

式の評価関数 $\mathit{Eval}$ も，規則 (rec) に対応するケースを関数適用の評価に加えることによって，以下のように実現される．

$$
\begin{array}{l}
\mathit{Eval}(E, e_1\ e_2) = \\
\quad \text{let } v_1 = \mathit{Eval}(E, e_1) \\
\qquad\ \ v_2 = \mathit{Eval}(E, e_2) \\
\quad \text{in if } v_1 = \mathit{Cls}(E_0, x_0, e_0) \text{ then} \\
\qquad\quad \mathit{Eval}(E_0\{x_0 : v_2\}, e_0) \\
\qquad \text{else if } v_1 = \mathit{Rec}(E_0, f_0, x_0, e_0) \text{ then} \\
\qquad\quad \mathit{Eval}(E_0\{f_0 : v_1, x_0 : v_2\}, e_0) \\
\qquad \text{else } \mathit{wrong}
\end{array}
$$

## 7.4 インタープリタの実装

本節では，6.6 節で実装した「多相型を推論する CoreML 処理系」に，宣言および式の評価と値のプリント処理を追加し，CoreML インタープリタを実装する．システムの構成は，6.6 節で改良したシステムに `eval` ディレクトリを追加した表 7.1 に示す構造とする．

再帰関数の適用式の評価関係

$$\emptyset \vdash \texttt{(fix f(x) => if x = 1 then 1 else x * f (x - 1)) } 2 \Downarrow 2$$

の導出木は

$$\dfrac{\dfrac{}{\emptyset \vdash e_1 \Downarrow v_1}\text{(fix)} \quad \dfrac{}{\emptyset \vdash 2 \Downarrow 2}\text{(const)} \quad \dfrac{T_1 \quad T_2}{\{\texttt{f} : v_1, \texttt{x} : 2\} \vdash e_2 \Downarrow 2}\text{(if)}}{\emptyset \vdash e_1 \ \ 2 \Downarrow 2}\text{(app)}$$

である．参照している部分式 $e_1$，$e_2$，値 $v_1$，部分木 $T_1$，$T_2$ は以下の通りである．

$$e_1 = \texttt{fix f(x) => } e_2$$

$$e_2 = \texttt{if x = 1 then 1 else x * f (x - 1)}$$

$$v_1 = \mathit{Rec}(\emptyset, \texttt{f}, \texttt{x}, e_2)$$

$$T_1 = \dfrac{\dfrac{}{\{\texttt{f} : v_1, \texttt{x} : 2\} \vdash \texttt{x} \Downarrow 2}\text{(var)} \quad \dfrac{}{\{\texttt{f} : v_1, \texttt{x} : 2\} \vdash 1 \Downarrow 1}\text{(const)} \quad \cdots}{\{\texttt{f} : v_1, \texttt{x} : 2\} \vdash \texttt{x = 1} \Downarrow \mathit{false}}\text{(prim)}$$

$$T_2 = \dfrac{\dfrac{}{\{\texttt{f} : v_1, \texttt{x} : 2\} \vdash \texttt{x} \Downarrow 2}\text{(var)} \quad T_3 \quad 2 = 1 * 2}{\{\texttt{f} : v_1, \texttt{x} : 2\} \vdash \texttt{x * f (x - 1)} \Downarrow 2}\text{(prim)}$$

$$T_3 = \dfrac{\dfrac{}{\{\texttt{f} : v_1, \texttt{x} : 2\} \vdash \texttt{f} \Downarrow v_1}\text{(var)} \quad T_4 \quad T_5}{\{\texttt{f} : v_1, \texttt{x} : 2\} \vdash \texttt{f (x - 1)} \Downarrow 1}\text{(rec)}$$

$$T_4 = \dfrac{\dfrac{}{\{\texttt{f} : v_1, \texttt{x} : 2\} \vdash \texttt{x} \Downarrow 2}\text{(var)} \quad \dfrac{}{\{\texttt{f} : v_1, \texttt{x} : 2\} \vdash 1 \Downarrow 1}\text{(const)} \quad \cdots}{\{\texttt{f} : v_1, \texttt{x} : 2\} \vdash \texttt{x - 1} \Downarrow 1}\text{(prim)}$$

$$T_5 = \dfrac{\dfrac{\vdots}{\{\texttt{f} : v_1, \texttt{x} : 1\} \vdash \texttt{x = 1} \Downarrow \mathit{true}}\text{(prim)} \quad \dfrac{}{\{\texttt{f} : v_1, \texttt{x} : 1\} \vdash 1 \Downarrow 1}\text{(const)}}{\{\texttt{f} : v_1, \texttt{x} : 1\} \vdash e_2 \Downarrow 1}\text{(if)}$$

$T_1$，$T_4$，$T_5$ の算術演算の導出の一部を省略してある．

図 **7.4**　再帰関数式の評価例

表 7.1 CoreML インタープリタのシステム構成

| ディレクトリ | モジュール | 機能 |
|---|---|---|
| main | Top | トップレベルの処理 |
| | Main | コマンド文字列解析，プログラム起動 |
| parser | CoreMLLex | 字句解析 (CoreML.lex.smi) |
| | CoreMLLrVals | 構文解析 (CoreML.grm.smi) |
| | Syntax | 構文木定義 (Syntax.smi) |
| | Parser | 構文解析呼び出し関数 |
| typeinf | Type | 型の定義 |
| | TypeUtils | 型環境，型代入の定義と補助関数 |
| | UnifyTy | 単一化 |
| | Typeinf | 型推論 |
| eval | Value | 値の定義 |
| | Eval | 式の評価 |

### 7.4.1 fix 式の追加と fun 定義の展開

eval の各モジュール開発の前に，fix 式を追加し，fun 定義の展開処理の方針を決めてその処理を追加する必要がある．

fix 式の追加のために，まず Syntax.smi の式の型 exp の定義に

```
| EXPFIX of string * string * exp
```

の項目を追加する．この変更後システムを make し直したときに表示されるエラーや警告メッセージの指示に従えば，変更漏れなくシステム全体への fix 式の追加を完了できる．必要とされる主な変更は Syntax.sml の型定義への同様の追加，Syntax.expToString 関数と Typeinf.W 関数への EXPFIX(f, x, exp) のケースの追加である．Typeinf.W 関数の拡張は，型つけ規則 (fix) に従い，fn 式の場合を参考にコードを書けばよい．

fun 定義の展開にはいくつかの戦略がありうる．最も一般的な戦略は，これらの省略形を展開するフェーズを新たに作ることである．プログラミング言

語には種々の省略形が提供されているため，通常この戦略をとることが多い．しかし本システムの場合，省略形は一つだけであり，かつその処理は単純であるから，ここでは構文解析処理で行うことにする．具体的には，CoreML.grm の fun 宣言の構文規則に対するアクションを

```
| FUN ID ID EQUAL exp
  (Syntax.VAL(ID1, Syntax.EXPFIX(ID1, ID2, exp)))
```

と変更し，これによって不要となった FUN コンストラクタを Syntax.smi の dec 型の定義から削除する．以上の変更のあと，システムを make し直し，コンパイラの指示に従い，各モジュールでの FUN 宣言の参照を削除すれば，FUN 宣言の展開処理は完成である．

### 7.4.2 Value と Eval モジュールの開発

ML 流の設計開発の基本に従い，各インターフェイスファイルを定義し，その型の示唆に従いコードを開発する．Value.smi と Eval.smi の例を示す．

Value.smi

```
_require "basis.smi"
_require "compiler/libs/env/main/SEnv.smi"
_require "../parser/Syntax.smi"
structure Value = struct
  datatype value
    = INT of int | BOOL of bool | STRING of string
    | PAIR of value * value
    | CLS of env * string * Syntax.exp
    | REC of env * string * string * Syntax.exp
  withtype env = value SEnv.map
  val emptyEnv : env
  val toString : value -> string
end
```

Eval.smi

```
_require "basis.smi"
_require "compiler/libs/env/main/SEnv.smi"
_require "../parser/Syntax.smi"
_require "./Value.smi"
structure Eval = struct
  exception RuntimeError
  val eval : Value.env -> Syntax.dec -> Value.env
end
```

Value.sml は型の定義と値のプリントだけであるから，簡単に書けるはずである．Eval.sml は，再帰的な *Eval* 関数定義をほぼそのままコードすればよい．図 7.5 にその一部を示す．

### 7.4.3 Top モジュールの改良とシステムの構築

必要な変更は，トップレベルループの型推論のあとに，環境と宣言を引数として eval 関数を呼び出すことである．以下にその例を示す．

```
fun readAndPrintLoop env gamma stream =
  let val (dec, stream) = Parser.doParse stream
      val newGamma = Typeinf.typeinf gamma dec
      val newEnv = Eval.eval env dec
  in readAndPrintLoop newEnv newGamma stream end
```

readAndPrintLoop 関数の引数が追加されたのに伴い，トップレベル関数 top からの readAndPrintLoop 関数呼び出しも以下のように変更する．

```
readAndPrintLoop Value.emptyEnv TypeUtils.emptyTyEnv stream
handle Parser.EOF => ()
     | Parser.ParseError => print "Syntax error\n"
     | Typeinf.TypeError => print "Type error\n"
```

```
structure Eval = struct
  structure S = Syntax
  structure V = Value
  exception RuntimeError
  fun evalExp env exp =
    case exp of
      ...
    | S.EXPFN (string, exp) => V.CLS(env, string, exp)
    | S.EXPAPP  (exp1, exp2) =>
      let val v1 = evalExp env exp1
          val v2 = evalExp env exp2
      in case v1 of
           V.CLS(env1, x, exp1) =>
           evalExp (SEnv.insert(env1, x, v2))  exp1
         | V.REC(env1, f, x, exp1) =>
           evalExp (SEnv.insert
                      (SEnv.insert(env1, f,v1), x, v2))
                    exp1
         | _ => raise RuntimeError
      end
    ...
  fun eval env (S.VAL (id, exp)) =
    let val v = evalExp env exp
    in print ("Evaluated to:\n" ^ "val " ^ id ^ " = "
              ^ V.valueToString v ^ "\n");
       SEnv.insert(env, id, v)
    end
end
```

図 7.5　式の評価関数の実装例の一部

```
    | Eval.RuntimeError => print "Runtime error\n";
```

さらに，Top.smi に以下の使用宣言を追加する．

```
_require "../eval/Eval.smi"
_require "../eval/Value.smi"
```

以上で CoreML インタープリタは完成である．Makefile を作成しシステムを make すれば，Main コマンドが生成される．以下は実行例である．

```
$ ./Main
fun f x = if prim(eq, x, 0) then 1 else
             prim(mul, x, f prim(sub, x, 1));
Parse result:
val f = (fix f(x) => if prim(eq,x,0) then 1 else ···)
Inferred typing:
val f : (int -> int)
Evaluated to:
val f = fix
val x = f 10;
Parse result:
val x = (f 10)
Inferred typing:
val x : int
Evaluated to:
val x = 3628800
```

## 7.5 練習問題

**問 7.1** 以下の手順でインタープリタを完成しテストを行え．

1. 7.4.1 項での手順に従い，fix 式の追加と fun 定義の展開に必要な変更を加え，システムを make し直しエラーがないことを確かめよ．

2. toString 関数を書き Value.sml を定義せよ．
3. 図 7.5 の eval 関数定義において，省略されたケースを補い，Eval.sml の定義を完成せよ．多数のケースがあるが，図 7.1 の定義に従い機械的に定義できるはずである．例えば (prim) のケースは以下のようにコードできる．

```
| S.EXPPRIM (prim, exp1, exp2) =>
  let val v1 = evalExp env exp1
      val v2 = evalExp env exp2
      val arg = case (v1,v2) of
                  (V.INT i1, V.INT i2) => (i1, i2)
                | _ => raise RuntimeError
  in case prim of
       S.ADD => V.INT (op + arg)
     | S.SUB => V.INT (op - arg)
     | S.MUL => V.INT (op * arg)
     | S.DIV => V.INT (op div arg)
     | S.EQ => V.BOOL (op = arg)
  end
```

**問 7.2**　CoreML 言語に，文字列を標準出力でプリントする print($e$) 式を以下の手順で追加せよ．

1. Syntax モジュールの prim 型の定義に PRINT を追加し，exp 型の定義に EXPPRIM1 of prim * exp を追加せよ．
2. print($exp$) に対して EXPPRIM1(PRINT, exp) を返す文法規則を追加せよ．
3. 型推論関数 W に，EXPPRIM1(PRINT, exp) のケースを加えよ．ただしこの式は，印字した文字数を返すものとする．
4. 評価関数 eval に EXPPRIM1(PRINT, exp) のケースを加えよ．$exp$ を

評価して得られる `STRING s` の `s` をプリントし，`INT (size s)` を返せばよい．

**問 7.3**（探求課題）　インタープリタは言語の機能を手軽にテストするのに便利である．そこで本問では，問 7.2 を参考に，CoreML 言語への種々の型の組み込み演算の導入方式の設計と実装を行う．

組み込み演算の導入には，演算子の名前をどうするか，2 項演算子を導入した場合の優先度をどうするか，多重定義を許すか，などに関する種々のデザイン上の課題がある．種々の選択肢をインタープリタで確認しながら，できるだけ多数の使いやすい組み込み演算を導入せよ．

# 第8章

# 抽象機械へのコンパイル

第7章までで，言語の解析と操作的意味の定義，さらに操作的意味を実現するインタープリタが完成した．インタープリタは，それ自身言語処理系としての役割を果たすが，より効率よい言語の実現には，プログラムを機械で実行できる機械語に変換するコンパイラを開発する必要がある．本章では，この変換の構造と実装技術を学ぶ．

## 8.1 コンパイラの構造

コンパイラバックエンドの仕事は，型の解析の結果得られる型付きソース言語を，ハードウェアが実行する機械語へ変換することである．この変換は直接実現することも可能であるが，通常，個々のハードウェアに依存しない中間表現を介して行われる．この中間表現は，具体的なハードウェアの詳細を抽象化した機械が実行する機械語と見なすことができる．この意味で，中間表現を解釈実行する機械を，抽象機械と呼ぶ．

コンパイラバックエンドの開発の重要なステップは，抽象機械を定義し，言語の意味を保存するように，抽象機械のコードへの変換アルゴリズムを開発することである．このステップにより，コード生成という複雑な変換を，系統的に実現することができる．また，抽象機械は，それ自身，言語の実行環境としても使用することができる．

数多くの抽象機械が提案され，Java や Ruby などの言語の実装でも使用されている．本章では，現在あまり使われることはないが，歴史的に重要な SECD 機械を題材に，抽象機械の定義と抽象機械コードへの変換方式を学ぶ．

## 8.2 SECD 機械の定義

SECD 機械は，Landin によって論文 [16] で提案された，以下の特徴を持つ抽象機械である．

- 演算はすべてスタックを用いて行う．
- 変数の値を格納する環境を装備している．
- 関数呼び出しを基本演算としてサポートしている．

論文 [16] は，ラムダ計算が高水準プログラミング言語のモデルとしての役割を果たすこと，さらに，抽象的な機械を定義することによってラムダ計算の機械的な実行が可能であることを示した最初の論文と見なせる．本節では，CoreML 言語のコンパイラのターゲットに適した SECD 機械の定義を与える．

SECD 機械は，$(S, E, C, D)$ の以下の 4 つのコンポーネントを持つ．

- $S$ : スタック (stack)．演算のための値の格納域．
- $E$ : 環境 (environment)．現在の値の束縛を保持するデータ構造．
- $C$ : コード (code)．実行される機械命令列．
- $D$ : ダンプ (dump)．関数呼び出しのためのスタック．

これらのコンポーネントを定義するためには，SECD 機械が操作する値 $(V)$ の集合と機械命令 $(I)$ の集合を定義する必要がある．本書では，これらの集合を，コード $(C)$ の定義と再帰的に，以下のように定義する．

$$
\begin{aligned}
V &::= [\![c]\!] \mid \mathit{Cls}(E, x, C) \mid \mathit{Rec}(E, f, x, C) \mid (V, V) \\
I &::= \texttt{Push}(c) \mid \texttt{Acc}(x) \mid \texttt{MkCls}(x, C) \mid \texttt{MkRec}(f, x, C) \\
&\quad\mid \texttt{App} \mid \texttt{Ret} \mid \texttt{Pair} \mid \texttt{Proj1} \mid \texttt{Proj2} \mid \texttt{Prim}(p) \mid \texttt{If}(C, C)
\end{aligned}
$$

$c$ は定数，$Cls(E,x,C)$ は関数クロージャ，$Rec(E,f,x,C)$ は再帰関数クロージャ，$(V,V)$ は値の組を表す．各機械命令の意味は，以下に定義する SECD 機械の状態遷移規則を通じて与えられる．これらの定義を使い，SECD 機械の各コンポーネントを以下のように定義する．

$$
\begin{aligned}
S &::= nil \mid V :: S \\
E &::= \{x_1 : V_1, \ldots, x_n : V_n\} \\
C &::= nil \mid I :: C \\
D &::= nil \mid (E,C) :: D
\end{aligned}
$$

スタック $S$ は値 $V$ のリストで表現し，リストの先頭がスタックトップと約束する．環境 $E$ は，7.2 節のインタープリタで使用した環境と同様の構造とする．コード $C$ は命令 $I$ のリストで表現し，リストの先頭が次に実行される命令と約束する．ダンプ $D$ は，関数呼び出しの時に，関数の戻り先情報を保持するスタックである．値のスタック $S$ と同様，リスト表現を用いる．

以上が SECD 機械の構造，すなわちアーキテクチャである．SECD 機械の仕様は，各命令の動作を記述することによって与えられる．各命令の動作は，SECD 機械の状態を変換する規則として記述される．SECD 機械の状態は，4 つのコンポーネント（を指すレジスタ）の組 $(S,E,C,D)$ である．各命令 $I$ による状態変換は，

$$
(S,E,I :: C,D) \Longrightarrow (S',E',C',D')
$$

の形の規則を，コードの先頭の命令 $I$ による場合分けによって記述する．図 8.1 に SECD 機械の各命令が実行する状態変換規則を与える．これらの命令の中で，スタック操作命令 `Push`，変数アクセス命令 `Acc`，クロージャ生成命令 `MkCls` と `MkRec`，算術演算命令 `Prim` および組の生成命令 `Pair` と組の $i$ 番目の要素取り出し命令 `Proj`$i$ の各動作は，SECD 機械がスタック演算を行う機械であることに注意すれば，容易に理解できるであろう．唯一注意すべき点は，加算演算 `Prim(Add)` や組の生成演算 `Pair` などの 2 項演算命令では，スタックトップが第 2 引数，スタックの 2 番目が第 1 引数となっている点であ

$$(S,\ E,\ \texttt{Push}(c) :: C,\ D) \Longrightarrow ([\![c]\!] :: S,\ E,\ C,\ D)$$

$$(S,\ E\{x : v\},\ \texttt{Acc}(x) :: C,\ D) \Longrightarrow (v :: S,\ E\{x : v\},\ C,\ D)$$

$$(S,\ E,\ \texttt{MkCls}(x, C_0) :: C,\ D) \Longrightarrow (\mathit{Cls}(E, \mathtt{x}, C_0) :: S,\ E,\ C,\ D)$$

$$(S,\ E,\ \texttt{MkRec}(f, x, C_0) :: C,\ D) \Longrightarrow (\mathit{Rec}(E, f, x, C_0) :: S,\ E,\ C,\ D)$$

$$(v_1 :: \mathit{Cls}(E_0, x, C_0) :: S,\ E,\ \texttt{App} :: C,\ D)$$
$$\Longrightarrow (S,\ E_0\{x : v_1\},\ C_0,\ (E, C) :: D)$$

$$(v_1 :: \mathit{Rec}(E_0, f, x, C_0) :: S,\ E,\ \texttt{App} :: C,\ D)$$
$$\Longrightarrow (S,\ E_0\{f : \mathit{Rec}(E_0, f, x, C_0), x : v_1\},\ C_0,\ (E, C) :: D)$$

$$(S,\ E,\ \texttt{Ret} :: C,\ (E_0, C_0) :: D) \Longrightarrow (S,\ E_0,\ C_0,\ D)$$

$$(v_1 :: v_2 :: S,\ E,\ \texttt{Pair} :: C,\ D) \Longrightarrow ((v_2, v_1) :: S,\ E,\ C,\ D)$$

$$((v_1, v_2) :: S,\ E,\ \texttt{Proj1} :: C,\ D) \Longrightarrow (v_1 :: S,\ E,\ C,\ D)$$

$$((v_1, v_2) :: S,\ E,\ \texttt{Proj2} :: C,\ D) \Longrightarrow (v_2 :: S,\ E,\ C,\ D)$$

$$(n_1 :: n_2 :: S,\ E,\ \texttt{Prim}(p) :: C,\ D) \Longrightarrow ([\![p]\!](n_2, n_1) :: S,\ E,\ C,\ D)$$

$$(\mathit{true} :: S,\ E,\ \texttt{If}(C_1, C_2) :: C,\ D) \Longrightarrow (S,\ E,\ C_1 @ C,\ D)$$

$$(\mathit{false} :: S,\ E,\ \texttt{If}(C_1, C_2) :: C,\ D) \Longrightarrow (S,\ E,\ C_2 @ C,\ D)$$

**図 8.1**　SECD 機械命令の状態変換規則

る．命令 `Prim`$(p)$ の規則でスタックにプッシュされる値を表す演算 $[\![p]\!](n_2, n_1)$ は，7.2 節で式の `prim`$(p,\ e_1,\ e_2)$ 評価で使用したものと同一である．図 8.2 に組み込み演算と組生成演算命令の実行例を示す．`sub(add(1,2),2)` の実行に対応する実行履歴の最後の減算（`Prim(Sub)`）命令の実行では，スタックが `2::3::`$\emptyset$ であるため，2 と 3 がスタックからポップされ，`3 - 2` が実行され，結果の 1 がスタックにプッシュされている．式 `((1,2),3)` の評価に対応する実行履歴の中の `Pair` 命令の実行も同様に，スタックトップと 2 番目の値がポップされ，逆順の組が生成されている．

- `sub(add(1,2),2)` の評価を実現する命令列の実行例

$$(nil, nil, \texttt{Push}(1)::\texttt{Push}(2)::\texttt{Prim}(\texttt{add})::\texttt{Push}(2)::\texttt{Prim}(\texttt{sub})::nil, nil)$$
$$\Longrightarrow (1::nil, nil, \texttt{Push}(2)::\texttt{Prim}(\texttt{add})::\texttt{Push}(2)::\texttt{Prim}(\texttt{sub})::nil, nil)$$
$$\Longrightarrow (2::1::nil,\ nil,\ \texttt{Prim}(\texttt{add})::\texttt{Push}(2)::\texttt{Prim}(\texttt{sub})::nil,\ nil)$$
$$\Longrightarrow (3::nil,\ nil,\ \texttt{Push}(2)::\texttt{Prim}(\texttt{sub})::nil,\ nil)$$
$$\Longrightarrow (2::3::nil,\ nil,\ \texttt{Prim}(\texttt{sub})::nil,\ nil)$$
$$\Longrightarrow (1::nil,\ nil,\ nil,\ nil)$$

- `((1,2),3)` の評価を実現する命令列の実行例

$$(nil,\ nil,\ \texttt{Push}(1) :: \texttt{Push}(2) :: \texttt{Pair} :: \texttt{Push}(3) :: \texttt{Pair} :: nil,\quad nil)$$
$$\Longrightarrow (1 :: nil,\ nil,\ \texttt{Push}(2) :: \texttt{Pair} :: \texttt{Push}(3) :: \texttt{Pair} :: nil,\quad nil)$$
$$\Longrightarrow (2 :: 1 :: nil,\ nil,\ \texttt{Pair} :: \texttt{Push}(3) :: \texttt{Pair} :: nil,\ nil)$$
$$\Longrightarrow ((1,2) :: nil,\ nil,\ \texttt{Push}(3) :: \texttt{Pair} :: nil,\ nil)$$
$$\Longrightarrow (3 :: (1,2) :: nil,\ nil,\ \texttt{Pair} :: nil,\ nil)$$
$$\Longrightarrow (((1,2),3) :: nil,\ nil,\ nil,\ nil)$$

**図 8.2** スタック操作，組み込み演算，組生成命令の実行例

$\texttt{If}(C_1, C_2)$ 命令は，スタックトップの値が *true* ならコード $C_1$ を，*false* ならコード $C_2$ を実行する．ここでの表記 $C_1@C$ は，$C_1$ と $C$ の連結を表す．

SECD 機械を理解する上でポイントは，関数の値の表現と関数適用命令 `App` および関数からのリターン命令 `Ret` の動作の関連である．以下，関数の値が $Cls(E, x, C)$ の場合を例に説明する．再帰関数 $Rec(E, f, x, C)$ の場合も同様である．関数適用命令 `App` は以下の動作をする．

1. スタックから $V$ と $Cls(E_0, x_0, C_0)$ をポップする．
2. 現在の環境 $E$ と `App` 命令に続くコード $C$ の組をダンプにプッシュする．
3. 現在の環境と命令列を，それぞれ，$E_0\{x : V\}$ と $C_0$ に変更する．

この動作によって，関数の呼び出しが開始される．8.3 節で定義する通り，関数クロージャに格納されたコード $C_0$ は，関数の本体を評価するコードの末尾に Ret 命令を付加したものである．関数本体の実行が完了すると，付加された Ret 命令は，App 命令がダンプの先頭に保存した $(E, C)$ の組をポップし，現在の環境と命令列を，それぞれ $E$ と $C$ に変更する．これによって，関数からリターンし，関数呼び出しに続く命令の実行が再開される．関数の返り値は，スタックに残された関数本体の評価結果である．式 $e =$ (fn x => x + 1) 2 + 3 に対応するコード列を例に，これらの命令の連携による関数適用の実行をトレースしてみよう．8.3 節で学ぶ通り，関数本体の式 x + 1 に対応するコードは Acc(x)::Push(1)::Prim(Add)::Ret::$\emptyset$ であり，このコードを $C$ とすると，式 $e$ に対応するコードは，

$$\texttt{MkCls}(\texttt{x}, C) :: \texttt{Push}(2) :: \texttt{App} :: \texttt{Push}(3) :: \texttt{Prim}(\texttt{Add}) :: \emptyset$$

である．図 8.3 にその実行トレースを示す．

## 8.3　SECD 機械へのコンパイル

本節では，CoreML 言語を SECD 機械へコンパイルするアルゴリズムを構築する．$e$ を CoreML 言語の式とし，$C_e$ をアルゴリズムが生成する SECD 機械語コードとする．コンパイルアルゴリズムであるためには，$C_e$ を実行した結果が $e$ の意味を実現していなければならない．$e$ の意味を，7.2 節で定義した $e$ の操作的意味論ととる．ただし，操作的意味論の評価規則が計算する値は，SECD 機械が計算する値と同一ではない．そこで，操作的意味論の値 $v$ と環境 $E$ に対応する SECD 機械の値および環境を，それぞれ $\overline{v}$，$\overline{E}$ とする．のちに示す通り，この定義は自然に与えることができる．SECD 機械でのコードの実行結果は，スタックトップに残されることに注意すると，望まれる性質は，

$$\text{もし } E \vdash e \Downarrow v \text{ なら } (S, \overline{E}, C_e, D) \overset{*}{\Longrightarrow} (\overline{v} :: S, \overline{E}, nil, D) \text{ である}$$

と表現できる．この条件を満たす系統的なアルゴリズムの構築が，本節の課題である．

$$
\begin{aligned}
&(\emptyset,\ \emptyset,\ \texttt{MkCls}(\texttt{x}, C) :: \texttt{Push}(2) :: \texttt{App} :: \texttt{Push}(3) :: \texttt{Prim}(\texttt{Add}) :: \emptyset,\ \ \emptyset)\\
&\Longrightarrow (\mathit{Cls}(\emptyset, \texttt{x}, C) :: \emptyset,\ \emptyset,\ \texttt{Push}(2) :: \texttt{App} :: \texttt{Push}(3) :: \texttt{Prim}(\texttt{Add}) :: \emptyset,\ \ \emptyset)\\
&\Longrightarrow (2 :: \mathit{Cls}(\emptyset, \texttt{x}, C) :: \emptyset,\ \emptyset,\ \texttt{App} :: \texttt{Push}(3) :: \texttt{Prim}(\texttt{Add}) :: \emptyset,\ \ \emptyset)\\
&\Longrightarrow (\emptyset,\ \{\texttt{x} : 2\},\ C,\ \ (\emptyset, \texttt{Push}(3) :: \texttt{Prim}(\texttt{Add}) :: \emptyset) :: \emptyset)\\
&\ \ =\ \ (\emptyset,\ \{\texttt{x} : 2\},\ \texttt{Acc}(\texttt{x}) :: \texttt{Push}(1) :: \texttt{Prim}(\texttt{Add}) :: \texttt{Ret} :: \emptyset,\\
&\qquad (\emptyset, \texttt{Push}(3) :: \texttt{Prim}(\texttt{Add}) :: \emptyset) :: \emptyset)\\
&\Longrightarrow (2 :: \emptyset,\ \{\texttt{x} : 2\},\ \texttt{Push}(1) :: \texttt{Prim}(\texttt{Add}) :: \texttt{Ret} :: \emptyset,\\
&\qquad (\emptyset, \texttt{Push}(3) :: \texttt{Prim}(\texttt{Add}) :: \emptyset) :: \emptyset)\\
&\Longrightarrow (1 :: 2 :: \emptyset,\ \{\texttt{x} : 2\},\ \texttt{Prim}(\texttt{Add}) :: \texttt{Ret} :: \emptyset,\\
&\qquad (\emptyset, \texttt{Push}(3) :: \texttt{Prim}(\texttt{Add}) :: \emptyset) :: \emptyset)\\
&\Longrightarrow (3 :: \emptyset,\ \{\texttt{x} : 2\},\ \texttt{Ret} :: \emptyset,\ \ (\emptyset, \texttt{Push}(3) :: \texttt{Prim}(\texttt{Add}) :: \emptyset) :: \emptyset)\\
&\Longrightarrow (3 :: \emptyset,\ \emptyset,\ \texttt{Push}(3) :: \texttt{Prim}(\texttt{Add}) :: \emptyset,\ \emptyset)\\
&\Longrightarrow (3 :: 3 :: \emptyset,\ \emptyset,\ \texttt{Prim}(\texttt{Add}) :: \emptyset,\ \emptyset)\\
&\Longrightarrow (6 :: \emptyset,\ \emptyset,\ \emptyset,\ \emptyset)
\end{aligned}
$$

ここで $C = \texttt{Acc}(\texttt{x}) :: \texttt{Push}(1) :: \texttt{Prim}(\texttt{Add}) :: \texttt{Ret} :: \emptyset$ である．

図 **8.3** SECD 機械の関数呼び出しの例

$e$ は帰納的に定義された構造を持った式であり，その系統的な変換には，再帰的な処理が必須である．再帰的なプログラムは，再帰方程式に従う．そこで，コンパイルアルゴリズムの系統的な定義のために，$C_e$ が満たすべき条件を，式 $e$ の構造に関する再帰方程式として書き下すことを試みる．式の評価規則の定義の場合，その式 $e$ が部分式 $e_1, \ldots, e_n$ を含めば，それらの部分式を再帰的に評価し，その結果得られる値 $v_1, \ldots, v_n$ を自由に使って求める $e$ の値を作り出すことができる．しかしながら，SECD 機械の場合，部分式 $e_i$ に対応するコード $C_i$ が計算する値の使用方法も含め，コード列を生成する必要がある．8.2 節で分析した通り，SECD 命令コード $C$ の実行結果は SECD

機械のスタックに置かれ，$C$ に続くコードで使用される．さらに，値 $V_i$ を計算するコード $C_i(1 \leq i \leq n)$ を連結したコード列 $C_1 \cdots C_n$ の実行によって，現在のスタック $S$ 上に $V_n :: V_{n-1} :: \cdots :: V_1 :: S$ のように値が逆順に生成される．式 $e$ に対するコード生成 $C_e$ の再帰方程式を定義するためには，この途中結果の値の受け渡しも表現できる必要がある．この問題を系統的に解くための戦略の一つは，コード $C_e$ だけではなく，$C_e$ に続いて実行されるコードを含めた再帰方程式を考えることである．

一般に，現在の計算に続いて実行される計算を，継続計算と呼び $K$ で表すことが多い．そこで，コード $K$ を継続計算とする式 $e$ のコンパイル結果を $\mathcal{C}[\![e]\!]K$ とし，$K$ を含めた $\mathcal{C}[\![e]\!]K$ に関して成立すべき方程式を定義する．例えば，$e$ が `#1` $e_1$ であれば，$e_1$ のコードの実行によって得られる組の第1要素を取り出し，$K$ に渡せばよいので，$e_1$ の継続計算は `Proj1` $:: K$ となる． この関係は，以下の方程式で表現できる．

$$\mathcal{C}[\![\texttt{\#1}\ \ e_1]\!]K = \mathcal{C}[\![e_1]\!](\texttt{Proj1} :: K)$$

部分式のコンパイルは，このように，部分式の値を受け取って全体の式の値を作るように継続計算を合成していけばよい．式のコンパイルに関する再帰方程式を図8.4に示す．この継続計算を引数として含むコンパイルアルゴリズムの定義は，簡潔で見通しがよいだけではなく，効率よいコード生成器を系統的に実装できる場合が多いため，コンパイラ構築のいろいろな場面で使用される手法である．

このコンパイルアルゴリズムに対して以下が成り立つ．

**定理 8.1**　もし $E \vdash e \Downarrow v$ かつ $v \neq \mathit{wrong}$ なら

$$(S, \overline{E}, \mathcal{C}[\![e]\!]K, D) \stackrel{*}{\Longrightarrow} (\overline{v} :: S, \overline{E}, K, D)$$

である．

$e$ が型の正しい式であれば，$E \vdash e \Downarrow \mathit{wrong}$ となることはないので，$\mathit{wrong}$ のケースを扱わない上記の性質で十分である．この定理の証明のために，操

$$
\begin{aligned}
\mathcal{C}[\![c]\!]K &= \texttt{Push}(c) :: K \\
\mathcal{C}[\![x]\!]K &= \texttt{Acc}(x) :: K \\
\mathcal{C}[\![\texttt{fn}\ x\ \texttt{=>}\ e]\!]K &= \texttt{MkCls}(x, \mathcal{C}[\![e]\!](\texttt{Ret} :: nil)) :: K \\
\mathcal{C}[\![\texttt{fix}\ f\texttt{(}x\texttt{)}\ \texttt{=>}\ e]\!]K &= \texttt{MkRec}(f, x, \mathcal{C}[\![e]\!](\texttt{Ret} :: nil)) :: K \\
\mathcal{C}[\![e_1\ \ e_2]\!]K &= \mathcal{C}[\![e_1]\!](\mathcal{C}[\![e_2]\!](\texttt{App} :: K)) \\
\mathcal{C}[\![\texttt{(}e_1\texttt{,}e_2\texttt{)}]\!]K &= \mathcal{C}[\![e_1]\!](\mathcal{C}[\![e_2]\!](\texttt{Pair} :: K)) \\
\mathcal{C}[\![\texttt{\#1}\ \ e]\!]K &= \mathcal{C}[\![e]\!](\texttt{Proj1} :: K) \\
\mathcal{C}[\![\texttt{\#2}\ \ e]\!]K &= \mathcal{C}[\![e]\!](\texttt{Proj2} :: K) \\
\mathcal{C}[\![\texttt{prim(}p\texttt{,}e_1\texttt{,}e_2\texttt{)}]\!]K &= \mathcal{C}[\![e_1]\!](\mathcal{C}[\![e_2]\!](\texttt{Prim}(p) :: K)) \\
\mathcal{C}[\![\texttt{if}\ e_1\ \texttt{then}\ e_2\ \texttt{else}\ e_3]\!]K &= \mathcal{C}[\![e_1]\!](\texttt{If}(\mathcal{C}[\![e_2]\!]nil, \mathcal{C}[\![e_3]\!]nil) :: K)
\end{aligned}
$$

**図 8.4** SECD 機械へのコンパイルアルゴリズム

作的意味における値 $v$ と環境 $E$ に対応する $SECD$ 機械の値 $\overline{v}$ と環境 $\overline{E}$ を以下のように定義する．

$$
\begin{aligned}
\overline{[\![c]\!]} &= [\![c]\!] \\
\overline{(v_1, v_2)} &= (\overline{v_1}, \overline{v_2}) \\
\overline{Cls(E, x, e)} &= Cls(\overline{E}, x, \mathcal{C}[\![e]\!](\texttt{Ret} :: nil)) \\
\overline{Rec(E, f, x, e)} &= Rec(\overline{E}, f, x, \mathcal{C}[\![e]\!](\texttt{Ret} :: nil))
\end{aligned}
$$

この定義の下で，定理 8.1 を，$E \vdash e \Downarrow v$ の計算の長さに関する帰納法で示すことができる．より具体的には，各式 $e$ に対して，$E \vdash e \Downarrow v$ と $\mathcal{C}[\![e]\!]K$ の定義を展開し，帰納法の仮定を適用するか，SECD 機械の命令実行の定義により得られる値と $\overline{v}$ の定義を展開した結果を比較することで証明できる．

代表的なケースの証明を以下に示す．以下の証明において，帰納法の仮定の適用による式変形には（帰納法）と注釈を付し，SECD 機械命令 $I$ の実行の定義による式変形には（$I$ 命令）と注釈を付す．また，等式で示された行は，定義の展開である．

- $e = x$ の場合：$v \neq \mathit{wrong}$ であるから，操作的意味の定義により，$E = E_0\{x : v\}$ かつ $E_0\{x : v\} \vdash x \Downarrow v$ である．以下の実行系列が導かれ，定理は成立する．

$$\begin{array}{ll} & (S,\ \overline{E},\ \mathcal{C}[\![x]\!]K,\ D) \\ = & (S,\ \overline{E_0}\{x : \overline{v}\},\ \mathtt{Acc}(x) :: K,\ D) \\ \Longrightarrow & (\overline{v} :: S,\ \overline{E},\ K,\ D) \qquad (\mathtt{Acc}\ \text{命令}) \end{array}$$

- $e = c$ の場合：操作的意味の定義により，$v = [\![c]\!] = \overline{v}$ である．以下の実行系列が導かれ，定理は成立する．

$$\begin{array}{ll} & (S,\ \overline{E},\ \mathcal{C}[\![c]\!]K,\ D) \\ = & (S,\ \overline{E},\ \mathtt{Push}(c) :: K,\ D) \\ \Longrightarrow & ([\![c]\!] :: S,\ \overline{E},\ K,\ D) \qquad (\mathtt{Push}\ \text{命令}) \end{array}$$

- $e = \mathtt{fn}\ x\ \mathtt{=>}\ e_1$ の場合：操作的意味の定義により，$v = \mathit{Cls}(E, x, e_1)$ である．以下の実行系列が導かれ，定理は成立する．

$$\begin{array}{ll} & (S,\ \overline{E},\ \mathcal{C}[\![\mathtt{fn}\ x\ \mathtt{=>}\ e_1]\!]K,\ D) \\ = & (S,\ \overline{E},\ \mathtt{MkCls}(x, \mathcal{C}[\![e_1]\!](\mathtt{Ret} :: \mathit{nil})) :: K,\ D) \\ \Longrightarrow & (\mathit{Cls}(\overline{E}, x, \mathcal{C}[\![e_1]\!](\mathtt{Ret} :: \mathit{nil})) :: S,\ \overline{E},\ K,\ D) \ (\mathtt{MkCls}\ \text{命令}) \\ = & (\overline{\mathit{Cls}(E, x, e_1)} :: S,\ \overline{E},\ K,\ D) \end{array}$$

- $e = \mathtt{fix}\ f(x)\ \mathtt{=>}\ e_1$ の場合：操作的意味の定義により，$v = \mathit{Rec}(E, f, x, e_1)$ である．以下の実行系列が導かれ，定理は成立する．

$$\begin{array}{ll} & (S,\ \overline{E},\ \mathcal{C}[\![\mathtt{fix}\ f(x)\ \mathtt{=>}\ e_1]\!]K,\ D) \\ = & (S,\ \overline{E},\ \mathtt{MkRec}(f, x, \mathcal{C}[\![e_1]\!](\mathtt{Ret} :: \mathit{nil})) :: K,\ D) \\ \Longrightarrow & (\mathit{Rec}(\overline{E}, f, x, \mathcal{C}[\![e_1]\!](\mathtt{Ret} :: \mathit{nil})) :: S,\ \overline{E},\ K,\ D) \ (\mathtt{MkRec}\ \text{命令}) \\ = & (\overline{\mathit{Rec}(E, f, x, e_1)} :: S,\ \overline{E},\ K,\ D) \end{array}$$

- $e = e_1\ e_2$ の場合：操作的意味によりさらに場合分けを行う．

(1) $e_1$ の実行が $Cls$ を生成する場合：$v$ は (app) 規則の以下の適用により生成される．

$$
\text{(app)}\quad \frac{\begin{array}{l} E \vdash e_1 \Downarrow v_1\ (= \mathit{Cls}(E_0, x_0, e_0)) \\ E \vdash e_2 \Downarrow v_2 \\ E_0\{x_0 : v_2\} \vdash e_0 \Downarrow v \end{array}}{E \vdash e_1\ e_2 \Downarrow v}
$$

定義から，$\overline{v_1} = \mathit{Cls}(\overline{E_0}, x_0, \mathcal{C}[\![e_0]\!](\texttt{Ret} :: \mathit{nil}))$ である．以下の実行系列が導かれ，定理は成立する．

$$
\begin{array}{lll}
 & (S,\ \overline{E},\ \mathcal{C}[\![e_1\ \ e_2]\!]K,\ D) & \\
= & (S,\ \overline{E},\ \mathcal{C}[\![e_1]\!](\mathcal{C}[\![e_2]\!](\texttt{App} :: K)),\ D) & \\
\stackrel{*}{\Longrightarrow} & (\overline{v_1} :: S,\ \overline{E},\ \mathcal{C}[\![e_2]\!](\texttt{App} :: K),\ D) & (\text{帰納法}) \\
\stackrel{*}{\Longrightarrow} & (\overline{v_2} :: \overline{v_1} :: S,\ \overline{E},\ \texttt{App} :: K,\ D) & (\text{帰納法}) \\
= & (\overline{v_2} :: \mathit{Cls}(\overline{E_0}, x_0, \mathcal{C}[\![e_0]\!](\texttt{Ret} :: \mathit{nil})) :: S, \overline{E}, \texttt{App} :: K, D) & \\
\Longrightarrow & (S, \overline{E_0}\{x : \overline{v_2}\}, \mathcal{C}[\![e_0]\!](\texttt{Ret} :: \mathit{nil}), (\overline{E}, K) :: D) & (\texttt{App}\ \text{命令}) \\
\stackrel{*}{\Longrightarrow} & (\overline{v} :: S, \overline{E_0}\{x_0 : \overline{v_2}\}, \texttt{Ret} :: \mathit{nil}, (\overline{E}, K) :: D) & (\text{帰納法}) \\
\Longrightarrow & (\overline{v} :: S, \overline{E}, K, D) & (\texttt{Ret}\ \text{命令})
\end{array}
$$

なお，本証明は，評価関係 $E \vdash e \Downarrow v$ の長さに関する帰納法であるため，$e_0$ の評価に対しても帰納法の仮定が適用できる点に注意しよう．

(2) $e_1$ の実行が $Rec$ を生成する場合：$v$ は (app) 規則の以下の適用により生成される．

$$
\text{(app)}\quad \frac{\begin{array}{l} E \vdash e_1 \Downarrow v_1 (= \mathit{Rec}(E_0, f_0, x_0, e_0)) \\ E \vdash e_2 \Downarrow v_2 \\ E_0\{f_0 : v_1, x_0 : v_2\} \vdash e_0 \Downarrow v \end{array}}{E \vdash e_1\ e_2 \Downarrow v}
$$

定義より $\overline{v_1} = \mathit{Rec}(\overline{E_0}, f_0, x_0, \mathcal{C}[\![e_0]\!](\texttt{Ret} :: \mathit{nil}))$ である．以下の実行系

列が導かれ，定理は成立する．

$$
\begin{array}{ll}
 & (S,\ \overline{E},\ \mathcal{C}[\![e_1\ \ e_2]\!]K,\ D) \\
= & (S,\ \overline{E},\ \mathcal{C}[\![e_1]\!](\mathcal{C}[\![e_2]\!](\texttt{App} :: K)),\ D) \\
\stackrel{*}{\Longrightarrow} & (\overline{v_1} :: S,\ \overline{E},\ \mathcal{C}[\![e_2]\!](\texttt{App} :: K),\ D) \quad (\text{帰納法}) \\
\stackrel{*}{\Longrightarrow} & (\overline{v_2} :: \overline{v_1} :: S,\ \overline{E},\ \texttt{App} :: K,\ D) \quad (\text{帰納法}) \\
\Longrightarrow & (S, \overline{E_0}\{f_0 : \overline{v_1}, x_0 : \overline{v_2}\}, \mathcal{C}[\![e_0]\!](\texttt{Ret} :: nil), (\overline{E}, K) :: D) \quad (\texttt{App}\ \text{命令}) \\
\stackrel{*}{\Longrightarrow} & (\overline{v} :: S, \overline{E_0}\{f_0 : \overline{v_1}, x_0 : \overline{v_2}\}, \texttt{Ret} :: nil, (\overline{E}, K) :: D) \quad (\text{帰納法}) \\
\Longrightarrow & (\overline{v} :: S, \overline{E}, K, D) \quad (\texttt{Ret}\ \text{命令})
\end{array}
$$

- $e = (e_1,\ e_2)$ の場合：値 $v$ は，規則

$$
(\text{pair})\ \ \frac{E \vdash e_1 \Downarrow v_1 \qquad E \vdash e_2 \Downarrow v_2}{E \vdash (e_1, e_2) \Downarrow (v_1, v_2)}
$$

の適用によって生成された $(v_1, v_2)$ の形の値である．以下の実行系列が導かれ，定理は成立する．

$$
\begin{array}{ll}
 & (S,\ \overline{E},\ \mathcal{C}[\![(e_1, e_2)]\!]K,\ D) \\
= & (S,\ \overline{E},\ \mathcal{C}[\![e_1]\!](\mathcal{C}[\![e_2]\!](\texttt{Pair} :: K)),\ D) \\
\stackrel{*}{\Longrightarrow} & (\overline{v_1} :: S,\ \overline{E},\ \mathcal{C}[\![e_2]\!](\texttt{Pair} :: K),\ D) \quad (\text{帰納法}) \\
\stackrel{*}{\Longrightarrow} & (\overline{v_2} :: \overline{v_1} :: S,\ \overline{E},\ \texttt{Pair} :: K,\ D) \quad (\text{帰納法}) \\
\Longrightarrow & ((\overline{v_1}, \overline{v_2}) :: S, \overline{E}, K, D) \quad (\texttt{Pair}\ \text{命令}) \\
= & (\overline{(v_1, v_2)} :: S, \overline{E}, K, D)
\end{array}
$$

- $e = \texttt{\#1}\ \ e_1$ の場合：値 $v$ は，規則

$$
(\text{proj})\ \ \frac{E \vdash e_1 \Downarrow (v_1, v_2)}{E \vdash \texttt{\#1}\ \ e_1 \Downarrow v_1}
$$

の適用によって導出された $v_1$ である．以下の実行系列が導かれ，定理

は成立する．

$$
\begin{array}{ll}
 & (S,\ \overline{E},\ \mathcal{C}[\![\texttt{\#1}\ \ e_1]\!]K,\ D) \\
= & (S,\ \overline{E},\ \mathcal{C}[\![e_1]\!](\texttt{Proj1} :: K),\ D) \\
\stackrel{*}{\Longrightarrow} & (\overline{(v_1, v_2)} :: S,\ \overline{E},\ \texttt{Proj1} :: K,\ D)\ \text{(帰納法)} \\
= & ((\overline{v_1}, \overline{v_2}) :: S,\ \overline{E},\ \texttt{Proj1} :: K,\ D) \\
\Longrightarrow & (\overline{v_1} :: S,\ \overline{E},\ K,\ D) \qquad\qquad (\texttt{Proj1}\ \text{命令})
\end{array}
$$

この定理は，コンパイラの正しさを完全に示すことができる稀な例である．

なお，以上の $\mathcal{C}[\![e]\!]K$ の定義と定理 8.1 の証明は，教科書 [19] で示した内容を，継続計算を導入し大幅に洗練したものである．

## 8.4 CoreML コンパイラと実行時処理系の実装

本節では，7.4 節で実装したインタープリタの式の評価処理を SECD 機械へのコンパイルと実行を行う処理に置き換え，CoreML コンパイラと実行時処理系を完成させる．システムの構成を表 8.1 に示す．

SECD が，新たに開発するモジュールを含むディレクトリである．Instruction モジュールは，SECD 機械の命令列の定義と命令列の文字列表現を返す関数からなる．そのインターフェイスファイルを以下に示す．

Instruction.smi

```
_require "basis.smi"
_require "reify.smi"
structure Instruction =
struct
  datatype prim = EQ | ADD | SUB | MUL | DIV
  datatype inst
    = PushI of int | PushS of string | PushB of bool
    | Acc of string | App | Pair | Proj1 | Proj2
    | Prim of prim | MkCLS of string * inst list
    | MkREC of string * string * inst list
```

表 8.1　CoreML 処理系のシステム構造

| ディレクトリ | モジュール | 機能 |
| --- | --- | --- |
| main | Top | トップレベルの処理 |
| | Main | コマンド文字列解析，プログラム起動 |
| parser | CoreMLLex | 字句解析 (CoreML.lex.smi) |
| | CoreMLLrVals | 構文解析 (CoreML.grm.smi) |
| | Syntax | 構文木定義 (Syntax.smi) |
| | Parser | 構文解析呼び出し関数 |
| typeinf | Type | 型の定義 |
| | TypeUtils | 型環境，型代入の定義と補助関数 |
| | UnifyTy | 単一化 |
| | Typeinf | 型推論 |
| SECD | Instruction | SECD 機械命令の定義 |
| | Value | 値の定義 |
| | Comp | 式のコンパイル |
| | Exec | SECD 機械の実行 |

```
      | If of inst list * inst list | Ret
    type C = inst list
    val codeToString :  C -> string
    val instToString :  inst -> string
  end
```

2行目の "reify.smi" の参照は，instToString および codeToString 関数の簡便な実装のためである．命令（inst 型）の 8.2 節での定義との違いは，Push 命令がそのオペランドの型の違いに従い細分化されている点である．

Value モジュールは，SECD 機械が計算する値の定義と値の文字列表現を返す関数である．そのインターフェイスファイルを以下に示す．

Value.smi
```
_require "basis.smi"
_require "compiler/libs/env/main/SEnv.smi"
_require "./Instruction.smi"
structure Value = struct
  datatype value
    = INT of int | BOOL of bool | STRING of string
    | PAIR of value * value
    | CLS of E * string * Instruction.C
    | REC of E * string * string * Instruction.C
  withtype E = value SEnv.map
  val emptyEnv : E
  val valueToString : value -> string
end
```

これは 8.2 節の定義をそのまま書き下したものである．8.2 節で注意した通り，インタープリタが計算する値との違いは，関数クロージャが式ではなく SECD の命令列を含む点である．

これらのインターフェイスを実装するソースコード `Instruction.sml` と `Value.sml` は，それぞれのインターフェイスファイルの型の定義をコピーし，文字列表現を返す関数 `codeToString`，`instToString`，`valueToString` を書けば完成する．`instToString` と `codeToString` は，それぞれ，`inst` 型のデータ構成子名およびそのリスト文字列を生成する関数である．SML# の `"reify.smi"` ライブラリで提供されている任意の型の文字列表現を返す関数 `Dynamic.format` を使い

```
fun instToString inst = Dynamic.format inst
fun codeToString C = Dynamic.format C
```

と定義すると，適切に改行され読みやすい文字列表現が得られる．

残る課題は，コンパイルモジュール `Comp` と SECD 実行モジュール `Exec` の

開発である．`Comp` モジュールは，図 8.4 で示したコンパイルの再帰方程式をほぼそのまま末尾再帰関数として書き下し，コンパイルのメイン関数で $nil$ を引数として呼び出せばよい．`Comp` モジュールのインターフェイスファイルとソースファイルの一部を図 8.5 に示す．

`Exec` モジュールも同様に，図 8.1 に示された命令実行の定義に従い SECD 機械の状態遷移をできる限り繰り返す関数 `exec` を末尾再帰関数として定義し，その関数を与えられた環境を引数として呼び出せばよい．ただし，図 8.1 の定義は，個々の命令の実行を定義しているだけであり，呼び出し元に値を返す方法が示されていない．そこでこの CoreML 処理系では，SECD 機械は，トップレベルでコードの実行を終了した場合，スタックトップの値を返すことにし，SECD 機械の実行規則に，機械が停止したときの遷移規則

$$(v :: S, E, nil, nil) \Longrightarrow v$$

を付け加えることにする．この拡張を加えた，`Exec` モジュールインターフェイスファイルとソースファイルの一部を図 8.6 に示す．

CoreML 処理系は，宣言の入力，コンパイル，SECD 機械で実行を繰り返す．そこで，トップレベルのメインループ関数 `readAndPrint` の `eval` 呼び出しを，以下のようにコンパイルと実行に置き換える．

```
fun readAndPrintLoop env gamma stream =
  let
    val (dec, stream) = Parser.doParse stream
    val newGamma = Typeinf.typeinf gamma dec
    val namedCode = Comp.compile dec
    val newEnv = Exec.run env namedCode
  in
    readAndPrintLoop newEnv newGamma stream
  end
```

トップレベル関数 `top` に必要な変更は，`Eval` モジュールの `RuntimeError` 例外を `Exec` モジュールの `RuntimeError` 例外に変更することだけである．

Comp.smi

```
_require "basis.smi"
_require "../parser/Syntax.smi"
_require "./Instruction.smi"
structure Comp =
struct
  val compile : Syntax.dec -> string * Instruction.C
end
```

Comp.sml

```
structure Comp = struct
  structure S = Syntax
  structure I = Instruction
  fun comp e K =
    case e of
      S.INT int => I.PushI int :: K
       ...
    | S.EXPID string => I.Acc string :: K
    | S.EXPFN (x, e) => I.MkCLS(x, comp e [I.Ret]) :: K
    | S.EXPAPP (e1, e2) => comp e1 (comp e2 (I.App :: K))
      ...
    | S.EXPIF (e1, e2, e3) =>
      comp e1 (I.If(comp e2 nil, comp e3 nil) :: K)
  fun compile (S.VAL (id, e)) =
    let val C = comp e nil in
      print ( "Compiled to:\n" ^ I.codeToString C ^ "\n");
      (id, C)
    end
end
```

図 **8.5** Comp モジュールの実装の一部

Exec.smi

```
_require "basis.smi"
_require "compiler/libs/env/main/SEnv.smi"
_require "./Value.smi"
_require "./Instruction.smi"
structure Exec = struct
  exception RuntimeError
  val run : Value.E -> string * Instruction.C -> Value.E
end
```

Exec.sml

```
structure Exec = struct
  open Instruction Value
  exception RuntimeError
  fun exec (v::S, _, nil, nil) = v
      ...
    | exec (v::CLS(E0, x, C0)::S, E, App :: C, D) =
      exec (S, SEnv.insert(E0,x,v), C0, (C,E)::D)
      ...
    | exec (_, _, C,_) = raise RuntimeError
  fun run env (id, code) =
    let val v = exec (nil, env, code, nil)
        val newEnv = SEnv.insert(env, id,  v)
    in print ("Execution result:\n" ^ "val " ^ id
               ^ " = " ^ valueToString v ^ "\n");
     newEnv
    end
end
```

図 8.6　Exec モジュールの実装の一部

CoreML の言語処理系を完成させるためには，Top.smi インターフェイスから eval ディレクトリの Value.smi と Eval.smi の関数の利用宣言を削除し，SECD の Value.smi，Exec.smi および Comp.smi の利用宣言を追加すればよい．

完成したシステムの main ディレクトリで Makefile を作り直し，make を実行すれば，CoreML の処理系である Main コマンドが作成されるはずである．以下に完成した CoreML 処理系の実行例を示す（印刷の関係で一部改行を削除している）．

```
$ ./Main
fun f x = if prim(eq, x, 0) then 1 else
             prim(mul, x, f prim(sub, x, 1));
Inferred typing:
val f : (int -> int)
Compiled to:
[MkREC
 ("f",
  "x",
  [Acc "x",
   PushI 0,
   Prim EQ,
   If([PushI 1],
      [Acc "x", Acc "f", Acc "x", PushI 1, Prim SUB, App,
       Prim MUL]),
   Ret ]
  )
]
Execution result:
val f = fix
val x = f 10;
```

```
Inferred typing:
val x : int
Compiled to:
[Acc "f", PushI 10, App]
Execution result:
val x = 3628800
```

## 8.5　練習問題

**問 8.1**　省略されたケースを補い，定理 8.1 の証明を完成せよ．

**問 8.2**　以下の手順で CoreML 処理系を完成させ，コマンドを作成しテストを行い，8.4 節で示したような結果が得られることを確認せよ．

1. `Instruction.sml` と `Value.sml` を定義せよ．
2. `comp` 関数の省略されたケースを補い，`Comp.sml` を完成せよ．
3. `exec` 関数の省略されたケースを補い，`Exec.sml` を完成せよ．
4. 示唆に従い，`Top.smi` を変更して Makefile を作成し直し，システムを make しコマンドを作成せよ．

**問 8.3（探求課題）**　CoreML 処理系を，ML のような動きをする使いやすい関数型言語処理系に改良せよ．例えば以下のような拡張を考えよ．

- 問 7.3 での CoreML 拡張をコンパイラに反映させる．
- 対話型実行の場合，つまり，ファイル名の指定がない場合，プロンプトを出力し，結果を，

  ```
  # val x = 1;
  val x = 1 : int
  ```

  のように出力するように改める．
- ファイルからプログラムを読み込むコマンド `use` *filePath*; を追加する．
- ファイルの入出力処理を追加する．

- 組のパターンマッチング機能を追加する．
- ML のレコード式 $\{l{=}e,\ldots,l{=}e\}$ とレコードパターン $\{l{=}p,\ldots,l{=}p\}$ を追加する．
- ［やや難］CoreML に型指定式 $(exp{:}ty)$ を追加する．
- ［難］さらに，多相型を SML# のレコード多相性に拡張する．

# 参考文献

本書を通じて計算や言語のしくみやコンパイラの構造と原理に興味を持ち，さらに学んでみたい読者のために，参考となる教科書や論文を紹介する．

[1] Turing, A. M. (1936) On Computable Numbers, with an Application to the Entscheidungsproblem. *Proceedings of the London Mathematical Society* (2), **42**, 230–265.

[2] Turing, A. M. (1950) Computing machinery and intelligence. *Mind*, **59**, 433–460.

[3] 高橋正子 (1991) 計算論—計算可能性とラムダ計算（コンピュータサイエンス大学講座 24）．近代科学社．

[4] 井田哲雄 (1991) 計算モデルの基礎理論（岩波講座ソフトウェア科学［理論］12）．岩波書店．

[5] 萩谷昌己・西崎真也 (2007) 論理と計算のしくみ．岩波書店．

[6] 中田育男 (2009) コンパイラの構成と最適化．朝倉書店．

[7] Appel, A. W. (2008) *Modern Compiler Implementation in ML*（最新コンパイラ構成技法．神林靖・滝本宗宏 訳．翔泳社）．Cambridge University Press.

[8] 大堀淳・上野雄大 (2021) SML# で始める実践 ML プログラミング．共立出版．

[9] 大堀淳 (2001) プログラミング言語 Standard ML 入門．共立出版．

[10] Chomsky, N. (1957) *Syntactic Structures.* Mouton & Co.

[11] Chomsky, N. (1956) Three models for the description of language. *IRE Transactions on Information Theory*, **2** (3), 113–124.

[12] Knuth, D. E. (1965) On the translation of languages from left to right. *Information and Control*, **8** (6), 607–639.

[13] Milner, R. (1978) A theory of type polymorphism in programming. *Journal of Computer and System Sciences*, **17**, 348–375.

[14] 大堀淳 (2019) 新装版 プログラミング言語の基礎理論．共立出版．

[15] Mitchell, J. C. (1996) *Foundations for Programming Languages.* MIT Press.

[16] Landin, P. J. (1964) The mechanical evaluation of expressions. *The Computer Journal*, **6** (4), 308–320.

本書は，筆者が東北大学で担当した工学部専門科目「コンパイラ」の講義資料に基づく．執筆にあたり，以下の解説および教科書の一部を参考にした．

[17] 大堀淳 (2014) 「LR 構文解析の原理」．コンピュータソフトウェア，**31** (1), 30-42.

[18] 大堀淳 (2010) 計算機システム概論—基礎から学ぶコンピュータの原理と OS の構造（ライブラリ 情報コア・テキスト 5）．サイエンス社．

[19] 大堀淳・J. ガリグ・西村進 (1999) アルゴリズムとプログラミング言語（コンピュータサイエンス入門 1）．岩波書店．

# 文献紹介および補足

[1] 第 1 章で紹介した Turing による計算可能性の論文である．

[2] 模倣に関する論文である．計算の概念を理解する上で参考になる．

[3,4,5] 計算論に関する教科書である．[3] は高度な内容が正確に理解しやすく説明されていて推薦できる．

[6,7] コンパイラ全般に関する教科書である．[6] は本書では扱わなかった種々の最適化法を含むコンパイラ構築技術の詳細が書かれており，コンパイラ開発に興味を持つ者に推薦できる．[7] は，本書同様，ML によるコンパイラの教科書である．

[8,9] ML プログラミングを学ぶための教科書である．

[10,11] 第 5 章で紹介した文脈自由文法に関する文献である．

[12] LR 構文解析法が提案された論文である．

[13] 多相型を含む型推論アルゴリズムが提案された論文である．

[14,15] 型理論や型システムを深く学ぶための教科書である．

[16] SECD 機械が提示された論文である．

[17] LR 構文解析に関する解説論文である．筆者が公表していた「コンパイラ」講義資料の内容を，日本ソフトウェア科学会の依頼により執筆したものである．同会の学会誌「コンピュータソフトウェア」の編集委員会の承諾を得て，拡張した内容を本書の第 5 章として収録している．

[18] OS の構造と原理を解説した教科書である．本書第 1 章で解説した計算機の模倣の概念を OS の観点から解説している．

[19] プログラミング言語の構造を解説した教科書である．この中で，SECD 機械へのコンパイルアルゴリズムとその正しさの証明が示されている．本書 8.3 節の内容は，この内容を継続計算を用いてコンパイラ向けに拡張したものである．

# 索　　引

Memorandum

〈著者略歴〉

大堀　淳（おおほり あつし）
1981年 東京大学 文学部 哲学科 卒業
1981年 沖電気工業株式会社 入社
1989年 ペンシルバニア大学大学院 計算機・情報科学科 博士課程修了，Ph.D.
1989年 英国王立協会特別研究員（グラスゴー大学）
1990年 沖電気工業株式会社 関西総合研究所 特別研究室室長
1993年 京都大学 数理解析研究所 助教授
2000年 北陸先端科学技術大学院大学 情報科学研究科 教授
2005年 東北大学 電気通信研究所 教授
2022年 東北大学 名誉教授
著書：「コンピュータサイエンス入門1 アルゴリズムとプログラミング言語」（共著，岩波書店，1999）
「プログラミング言語 Standard ML 入門」（共立出版，2001）
「ライブラリ情報学コア・テキスト5 計算機システム概論―基礎から学ぶコンピュータの原理と OS の構造―」（サイエンス社，2010）
「新装版 プログラミング言語の基礎理論」（共立出版，2019）
「SML#で始める実践 ML プログラミング」（共著，共立出版，2021）

コンパイラ―原理と構造
*Compilers: Principles and Structures*

2021年9月15日　初版1刷発行
2022年9月10日　初版2刷発行

検印廃止
NDC 007.64, 548.2
ISBN 978-4-320-12478-3

著　者　大堀　淳　© 2021
発行者　南條光章
発行所　**共立出版株式会社**
東京都文京区小日向 4-6-19（〒112-0006）
電話　03-3947-2511（代表）
振替口座　00110-2-57035
www.kyoritsu-pub.co.jp

印　刷　啓 文 堂
製　本　ブロケード

一般社団法人
自然科学書協会
会員

Printed in Japan